KB117052

다 윈 가

플 라 톤 가

Welcome to
지식인 마을

새싹마을

촘스키가

아크로폴리스

아고라

아인슈타인가

입구

지식인마을05

아인슈타인 & 보어

확률의 과학,
양자역학

지식인마을 05 확률의 과학, 양자역학

아인슈타인 & 보어

저자_ 이현경

1판 1쇄 발행_ 2006. 11. 20.
2판 1쇄 발행_ 2013. 5. 20.
2판 5쇄 발행_ 2023. 11. 1.

발행처_ 김영사
발행인_ 고세규

등록번호_ 제406-2003-036호
등록일자_ 1979. 5. 17.

경기도 파주시 문발로 197(문발동) 우편번호 10881
마케팅부 031)955-3100, 편집부 031)955-3200, 팩스 031)955-3111

저작권자 ⓒ 2006 이현경
이 책의 저작권은 저자에게 있습니다. 서면에 의한 저자와 출판사의
허락 없이 내용의 일부를 인용하거나 발췌하는 것을 금합니다.

COPYRIGHT ⓒ 2006 Lee Hyun Kyeong
All rights reserved including the rights of reproduction in whole
or in part in any form. Printed in KOREA.

값은 뒤표지에 있습니다.
ISBN 978-89-349-2173-8 04400
       978-89-349-2136-3 (세트)

홈페이지_ www.gimmyoung.com   블로그_ blog.naver.com/gybook
인스타그램_ instagram.com/gimmyoung   이메일_ bestbook@gimmyoung.com

좋은 독자가 좋은 책을 만듭니다.
김영사는 독자 여러분의 의견에 항상 귀 기울이고 있습니다.

지식인마을05

아인슈타인 & 보어
Albert Einstein & Niels Bohr

확률의 과학, 양자역학

이현경 지음

김영사

몇 년 전 TV에서 미국 MIT의 '천재 도박단' 얘기를 본 적이 있다. MIT 퇴직교수를 주축으로 팀을 형성한 이들은 5년 동안 미국 전역의 카지노를 종횡무진하며 한 판에 40만 달러를 벌어들이기도 했단다.

흥미롭게도 이들은 고도의 심리전도, 공학도다운 고도의 첨단장비를 비밀스레 동원하는 속임수도 사용하지 않았다. 그들의 '원천기술'은 확률과 통계가 적용되는 '카드카운팅'(Card-Counting)이었다. 수백 장의 카드를 기억해 자신이 원하는 카드가 나올 확률을 계산해서 수백만 달러를 챙긴 것이다.

실제로 확률이라는 수학 분야는 도박에서 시작됐다고 한다. 르네상스시대 지중해 연안 도시에 일확천금을 꿈꾸며 몰려든 상인들이 날씨가 나빠 출항하지 못할 때 심심함을 달래기 위해 도박을 하곤 했는데, 승률이 얼마나 될지 미리 알고 싶은 상인들이 수학자와 함께 연구하기 시작하면서 확률이라는 개념이 싹텄다는 것이다.

'주사위음악'이라는 것이 있다. 이 역시 18세기에 성행했던 것으로 주사위를 던져서 음악의 각 마디를 결정하는 놀이란다. 미리 음악 단편들을 만들어놓고 주사위를 던져 그 중 하나를 선택하기 때문에 경우의 수가 많다. 주사위가 같은 방식으로 나오지 않는 한 같은 음악이 만들어질 수 없다. 그래서 이를 '우연음악'이라고 부르기도 한다.

이 책을 쓰는 내내 도박과 확률, 우연과 필연 같은 개념이 머릿속을 맴돌았다. "신은 주사위 놀이를 하지 않는다"며 큰소리 치던 아인 슈타인 자신은 정작 물리학이라는 '게임'에 상대성이론과 양자역학이라는 거대한 '주사위'를 굴렸다. 보어도 그 '도박'에 동참했다. 그리고 그들은 멋지게 이겼다. 온갖 이론과 (사고) 실험이 그들의 '원천기술'이었다고나 할까. 사실 모두가 'YES'라고 말할 때 'NO'라고 말하기는 쉽지 않았을 것이다.

전자제품을 사면 전원을 켤 때는 이렇게 하라, 고장이 날 때는 저렇게 하라는 친절한 설명서가 들어있다. 인생에도 그런 '설명서'가 있는지 모르겠다. 아마 도박과 확률, 우연과 필연이 설명서의 귀퉁이를 차지하고 있지는 않을는지. 이 책을 읽는 독자들은 플랑크와 아인슈타인, 보어와 하이젠베르크로부터 '도박에서 이기는 방법'을 배웠으면 좋겠다.

〈지식인마을〉시리즈는…

〈지식인마을〉은 인문·사회·과학 분야에서 뛰어난 업적을 남긴 동서양대표 지식인 100인의 사상을 독창적으로 엮은 통합적 지식교양서이다. 100명의 지식인이 한 마을에 살고 있다는 가정 하에 동서고금을 가로지르는 지식인들의 대립·계승·영향 관계를 일목요연하게 볼 수 있도록 구성했으며, 분야별·시대별로 4개의 거리를 구성하여 해당 분야에 대한 지식의 지평을 넓히는 데 도움이 되도록 했다.

〈지식인마을〉의 거리
플라톤가   플라톤, 공자, 뒤르켐, 프로이트 같이 모든 지식의 뿌리가 되는 대사상가들의 거리이다.
다윈가   고대 자연철학자들과 근대 생물학자들의 거리로, 모든 과학사상이 시작된 곳이다.
촘스키가   촘스키, 베냐민, 하이데거, 푸코 등 현대사회를 살아가는 인간에 대한 새로운 시각을 제시한 지식인의 거리이다.
아인슈타인가   아인슈타인, 에디슨, 쿤, 포퍼 등 21세기를 과학의 세대로 만든 이들의 거리이다.

이 책의 구성은
〈지식인마을〉 시리즈의 각 권은 인류 지성사를 이끌었던 위대한 질문을 중심으로 서로 대립하거나 영향을 미친 두 명의 지식인이 주인공으로 등장한다. 그리고 다음과 같은 구성 아래 그들의 치열한 논쟁을 폭넓고 깊이 있게 다룸으로써 더 많은 지식의 네트워크를 보여주고 있다.

초대 각 권마다 등장하는 두 명이 주인공이 보내는 초대장. 두 지식인의 사상적 배경과 책의 핵심 논제가 제시된다.

만남 독자들을 더욱 깊은 지식의 세계로 이끌고 갈 만남의 장. 두 주인공의 사상과 업적이 어떻게 이루어졌으며, 그들이 진정 하고 싶었던 말은 무엇이었는지 알아본다.

대화 시공을 초월한 지식인들의 가상대화. 사마천과 노자, 장자가 직접 인터뷰를 하고 부르디외와 함께 시위 현장에 나가기도 하면서, 치열한 고민의 과정을 직접 들어본다.

이슈 과거 지식인의 문제의식은 곧 현재의 이슈. 과거의 지식이 현재의 문제를 해결하는 데 어떻게 적용될 수 있는지 살펴본다.

이 시리즈에서 저자들이 펼쳐놓은 지식의 지형도는 대략적일 뿐이다. 〈지식인마을〉에서 위대한 지식인들을 만나, 그들과 대화하고, 오늘의 이슈에 대해 토론하며 새로운 지식의 지형도를 그려나가기를 바란다.

지식인마을 책임기획 장대익

서울대학교 자유전공학부 교수

Contents 이 책의 내용

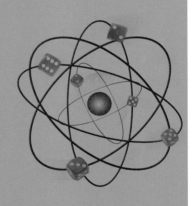

초대

INVITATION

Niels Bohr

세상을 보는 방법

**신이 말하길,
뉴턴이 있으라**

"자연과 자연의 법칙은 어둠에 묻혀 있었네. 신이 말하길, '뉴턴이 있으라!' 그러자 모든 것이 광명이었으니."

18세기 영국의 시인 알렉산더 포프$^{Alexander Pope, 1688~1744}$는 웨스트민스터 사원에서 치러진 아이작 뉴턴$^{Issac Newton, 1642~1727}$의 장례식을 주관했다. 그리고 뉴턴을 위한 추모시의 첫 구절을 위와 같이 지었다. 뉴턴과 포프의 관계는 소설 《다빈치코드$^{The Da Vinci Code}$》(2003)에서 "런던에 교황이 묻은 기사가 누워 있노라"라는 크립텍스* 암호의 실마리 문장으로도 등장한다(여기서 교황^{pope}은 알렉산더 포프를, 기사^{Knight}는 뉴턴을 암시하는 단어였다).

여하튼 중요한 것은 포프가 이 구절을 런던의 골목에서 줄넘기를 하며 놀던 아이들의 동요에서 인용했다는 사실이다. 당시 뉴턴의 위력은 그 정도로 대단했다. 뉴턴으로 인해 세상은 '말 잘 듣는 아이'가 됐다. 뉴턴은 단순하고, 언제나 성립하며, 아무 관계도 없는 것처럼 보이는 사실들을 한꺼번에 설명해주는 수학적인 관계를 알아냈다. 지금도 중·고등학교 과학 또는 물리 교과서를 펼치면 제일 먼저 나오는 뉴턴의 운동 3법칙이 그것이다.

그때부터 세상은 뉴턴의 '지시'에 따라 시계처럼 정확하게 작동하기 시작했다. 이를테면 '물체가 외부에서 힘을 받으면 그 방향으로 가속이 일어나며, 그 크기는 힘에 비례하고 질량에 반비례한다'는 가속의 법칙을 따라 포탄을 쏘고 증기기관을 움직였다. 내일, 모레, 글피의 일들은 현재의 일과 간단한 규칙만으로 모두 결정됐다. 뉴턴은 세상이 돌아가는 이치를 지탱해주는 근거가 되었다.

그러나 1920년대에 이르러 뉴턴의 세계는 홀연히 사라져버렸다. 원자와 원자보다 작은 세계를 탐험하던 물리학자들은 전혀 낯선 세계와 맞닥뜨렸다. 백문불여일견 百聞不如一見 이라는 말처럼 백 번 듣는 것보다 한 번 보는 것이 낫다고 하지 않았

⚛ 크립텍스

소설 다빈치 코드에 등장하는 문서 보관장치. 알파벳 A~Z로 이루어진 다섯 개의 다이얼을 가지고 있고, 설정된 알파벳 암호가 일치해야 열린다. 다빈치의 일기에서 아이디어를 얻어 자크 소니에르가 만든 것으로 묘사되고 있으나, 실제 다빈치의 일기에 크립텍스에 대한 언급은 없다.

던가. 원자처럼 작은 입자는 눈에 보이지 않기 때문에 모든 것이 눈에 보이며 그만큼 확실할 것이라고 생각했던 뉴턴의 세계에서는 들어맞지 않았다.

뉴턴의 세계에서는 분명하고 확실했던 입자들이 이제 뉴턴의 세계를 거부했다. 물질은 더 이상 확실히 존재하는 것이 아니라 단지 존재하려는 '경향'이었다. 절대 그럴 수 없다고 생각했던 것이 당연한 진실이 됐다. 예를 들어 뉴턴의 세계에서는 관찰자가 물질의 운동에 전혀 영향을 미치지 않는 독립적인 존재였지만 근대 과학에서는 관찰자가 보는 것만으로도 물질의 인과 관계는 영향을 받았다.

물리학자들은 고민하기 시작했다. 원자의 세계를 설명해줄 완전히 새로운 세계가 필요했다. 200여 년 이상 진실이라고 믿어왔던 뉴턴을 버릴 수 있을 것인가. 1800년대 말, 그렇게 뉴턴의 세계를 대변하던 고전역학은 흔들리고 있었다.

뉴턴은 사라지고 무질서만 남아

고전역학에 금이 가기 시작한 것은 열을 연구하던 물리학자들 때문이었다. 자연이란 매우 '조리'한 것이라 믿게 만들었던 뉴턴의 세계는 19세기 말 열역학 연구가 진행되면서 매우 '부조리'한 것이 돼버렸다. 흔히 엔트로피 증가법칙으로 알려져 있는 열역학 제2법칙도 그 요인 중 하나였다.

엔트로피 증가법칙을 한마디로 정리하면, '고립계의 자발적 과정에서 엔트로피는 항상 증가한다'는 것이다. 여기서 '고립계'는 열이든, 에너지든 외부와의 교류가 없는 계를 뜻한다. 간단한 예로 보온병을 생각하면 된다. '자발적 과정'은 외부의 간섭 없이 생기는 변화다. 유치원에서 선생님이 잠시 한눈을 팔면 어느새 아이들은 서로 얘기하고 뛰어다니며 무질서해진다. 이런 것이 자발적 과정의 한 예다. 엔트로피는 대개 무질서와도 같은 의미로 쓰인다.

이 엔트로피가 문제가 된 것은 뉴턴의 이론 중 가속의 법칙과 들어맞지 않았기 때문이다. 가속의 법칙은 힘을 가한다는 조건이 주어지면 반드시 일어나는 '필연 법칙'이다. 그런데 엔트로피 증가법칙은 단지 어떤 조건에서 엔트로피가 증가할 가능성이 많다는 뜻일 뿐 언제나 반드시 그럴 필요는 없다. 필연 법칙이 아니라 '확률 법칙'인 것이다.

요즘 스마트폰에서 인기 만점인 맞고 게임을 보자. 게임을 시작하려면 일단 화투를 섞어야 한다. 그 순간, 원래 순서는 온데간데없이 사라지고 화투의 순서는 무질서하게 바뀌어버린다. 이 것을 본래 순서로 만들려면 '본래 순서로 만들려는 노력'이라는 외부의 간섭이 필요하다. 하지만 굳이 이런 노력을 하지 않더라도 화투를 섞는 과정이 수없이 계속되면 언젠가는 처음의 상태로 돌아갈 확률이 있다. 다만 그 확률이란 것이 10^{61}분의 1이라는 너무나도 작은 값이어서 화투를 섞는 일만 하더라도 본래 상태를 회복할 가능성은 거의 없다.

이론적으로는 19세기 프랑스의 수학자 푸앵카레^{Jules-Henri Poincare, 1854~1912}가 증명한 것처럼 어떤 계든 충분한 시간만 주어지면 반드시 초기 상태로 돌아가야 한다. 이것을 '회귀정리'라고 한다. 하지만 탁자에서 떨어져 산산이 깨진 꽃병 조각들이 저절로 한데 붙어 다시 탁자 위로 올라가는 과정, 즉 본래 상태로 돌아가는 일은 현실에서 일어나지 않는다.

19세기 이전의 물리학자들은 혼란스러울 수밖에 없었다. 그들은 세상에 우연이란 존재하지 않고 만물은 신에 의해 이미 결정되어 있다고 믿어왔다. 그것이 뉴턴이 집대성한 고전역학의 핵심이었다. 우주의 모든 현상은 초기 조건에 따라 결정되며 이를 벗어나는 일은 있을 수 없었다.

뉴턴의 법칙에 따르면 주어진 시간에서의 위치와 속도를 알면 입자의 경로를 정확히 계산할 수 있다. 우주를 구성하는 입자의 현재 위치와 속도에 관한 정보를 모두 알면 아득한 과거부터 영원한 미래에 이르기까지 전 역사를 빠짐없이 추적할 수 있는 것이다. 그러니까 뉴턴의 법칙이 정말로 옳다면 현실에 존재하는 모든 것들의 운명은 이미 태초에 결정되어 있는 셈이다. 시간은 모든 과정을 순서대로 펼쳐줄 뿐, 어느 하나라도 그 경로를 벗어날 가능성은 전혀 없다.

그런데 19세기 말 열역학에서 시작된 엔트로피 증가법칙은 이에 반기를 들며 통계 법칙에 따라 필연을 거부하고 확률을 받아들였다. 실험에서 얻을 수 있는 것은 뉴턴의 법칙에 따라 정확히 맞아떨어지는 수가 아니라 추정량이었다. 이로부터 결정론적 세계관에 금이 가기 시작했다. 과학자들은 실험 결과에 나오는 수치들이 뉴턴의 법칙이 예측하는 대로 맞아떨어져야 한다는 강박 관념을 버렸다. 대신 그것이 예측한 값 주위에 어떻게 분포해 있는지, 어떤 수치가 나타날 확률은 어느 정도인지를 주목했다.

에너지는 흐르지 않는다?

그렇다면 도대체 어떤 얘기를 믿어야 할까. 뉴턴의 권위를 믿고 따르자니 이것은 마치 배 여기저기에 구멍이 뚫렸는데 이 구멍들을 판자로 이리저리 막아 땜질해서 어떻게든 물에 뜨게 하는 꼴과 비

🎲 '양자'가 뭐지?

'양자'(quantum)라는 개념이 생소해 쉽게 이해되지 않는 사람들이 있을 것이다. 고전역학에서는 에너지를 '흐른다'고 표현하면서 연속적인 개념으로 생각했다. 수에 비유해 본다면 실수에서는 아무리 0에 가까운 수를 만들려고 해도 0.1, 0.01, 0.001, ……, 0.000000……1처럼 끝이 없기 때문에 수 자체를 연속적인 개념으로 생각할 수밖에 없다. 반면 자연수는 1, 2, 3……와 같이 1의 간격으로 일정하게 나뉘어 있다. 양자는 이렇게 에너지가 자연수처럼 일정한 양으로 나뉘어 있는 것을 말한다.

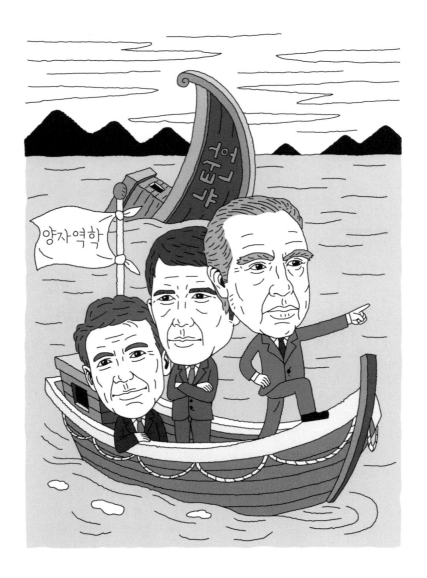

숫했다. 또 언제 어디에 구멍이 어떻게 뚫릴지도 모른다. 그래서 물리학자들은 뉴턴이라는 헌 배를 버리고 아예 새 배로 갈아탔다. 그렇게 등장한 것이 20세기 초 양자역학이었다.

물리학자들은 고전역학의 확실하고 결정론적인 세계와는 정반대처럼 보이는 불확실하고 확률적인 세계를 받아들이기 시작했다. 입자의 위치와 속도 모두를 동시에 정확히 알 수 있다던 뉴턴의 얘기는 못 들은 것으로 하고 새로운 눈으로 자연을 들여다봤다. 그랬더니 입자의 위치와 속도를 동시에, 정확히 알 수는 없었다. 이것이 흔히 양자역학을 설명할 때 제일 먼저 등장하는 불확정성원리이다.

양자역학에서는 위치를 정확히 알려고 하면 속도가 모호해지고, 속도를 정확히 알려고 하면 위치가 모호해진다. 이 때문에 한 입자의 현재 위치를 알았다고 해도 다음 순간의 위치를 예측하는 일은 본질적으로 불가능해진다. 결국 뉴턴의 법칙이 상정한 '경로'나 '궤적'이라는 개념은 양자역학에서는 성립할 수 없었다. 어쩌면 운명이니 사주팔자니 하는 말도 이때부터 설자리를 잃었을지 모른다.

어쨌든 이렇게 양자역학이 정립될 수 있도록 씨앗을 뿌린 인물은 독일의 물리학자 막스 플랑크Max Planck, 1858~1947였다. 플랑크는 '에너지가 양자화되어 있다'는 생각을 처음으로 제안하며 양자 개념을 도입했다. 여기서 '양자화'라는 말은 어떤 물질이 알갱이처럼 나뉘어 있다는 뜻이다.

플랑크의 양자 개념을 바탕으로 양자역학의 밑그림을 그려나
간 이들이 알베르트 아인슈타인Albert Einstein, 1879~1955과 닐스 보어
Niels Bohr, 1885~1962다. 아인슈타인은 상대성이론으로 너무 유명한 탓
에 그가 양자역학을 정립하는 데 매우 중요한 역할을 했다는 것
을 인식하지 못하는 사람이 많다. 하지만 실제로 아인슈타인은
상대성이론이 아니라 양자역학에 대한 공로를 인정받아 노벨물
리학상을 받았다. 또한 양자 가설을 적용해 원자이론을 세우면
서 양자역학의 초석을 놓은 보어는 아인슈타인과 양자역학 논쟁
을 벌이며 양자역학을 정립해나갔다.

이후 베르너 하이젠베르크Werner Heisenberg, 1901~1976는 행렬역학을
창시해 원자 세계의 운동 원리를 수학적으로 일반화했고, 불확
정성원리를 발표하면서 고전물리학의 철칙이었던 인과율을 통
용될 수 없는 개념으로 전락시키며 양자역학을 수립하는 데 결
정적인 역할을 했다.

우연과 필연의 삼각관계

그렇다면 고전역학과 양자역학은 서
로 양립 불가능한 것일까? 다시 말
해 고전역학이 참이라면 양자역학은 거짓이 되고, 양자역학이
참이라면 고전역학은 거짓이 되는 모순적인 관계일까? 그렇지
않다. 이 둘을 연결해주는 것이 바로 통계와 확률이다.

예를 들어보자. 쌀과 콩을 섞어 그릇에 담고 흔들면 쌀보다 큰 콩이 위로 올라오게 된다. 또 과자를 먹다 보면 과자 봉지 맨 아래로 과자 부스러기가 가라앉곤 한다. 차들이 일렬로 서 있는 주차장에서 주차할 때 틈 안으로 들어가는 것보다는 밖으로 나오는 것이 훨씬 쉽다는 것을 경험적으로 잘 알고 있다.

이런 현상들은 전혀 다른 이야기처럼 보이지만 실은 같은 원리로 설명할 수 있다. 쌀과 콩을 섞어놓은 것을 흔들면 쌀과 콩 사이의 틈이 좁아지거나 넓어지게 된다. 이때 통계적으로 보면 틈이 넓어지는 것보다 좁아질 가능성이 많다. 따라서 통을 흔드는 동안 작은 쌀알들은 좁은 구멍을 통해 아래쪽으로 내려간다. 이에 비해 콩알만 한 구멍이 생길 가능성은 매우 적기 때문에 결국 콩은 위쪽으로 밀려 올라간다. 같은 이유로 과자 봉지도 흔들어주면 부스러기가 밑으로 내려간다.

주차할 때는 밖에서 틈 안으로 들어가서 바르게 주차할 수 있는 방법의 가짓수에 비해 틈 안에서 밖으로 나갈 수 있는 방법의 가짓수가 훨씬 많다. 따라서 주차하려고 들어갈 때는 별로 많지 않은 가능성 중의 하나를 선택해야 하기 때문에 어렵지만, 나올 때는 선택할 경로와 방법의 수가 더 많기 때문에 훨씬 쉬워지는 것이다.

가수 DJ DOC의 노래 제목으로도 잘 알려진 〈머피의 법칙〉도 예외가 아니다. 즐거운 소풍날 비가 내리고, 햄버거 먹겠다고 패스트푸드점에서 줄을 서면 꼭 다른 줄이 먼저 줄어들고, 약속 시간에 늦은 날은 버스까지 놓치는 것 등은 단순히 재수가 없어서 그런 것이 아니다.

몇 년 전 영국 애스톤 대학의 로버트 매튜스[Robert Matthews, 1959~] 교수는 머피의 법칙을 과학적으로 설명했다. 우선 일기예보부터 살펴보자. 매튜스 교수는 비가 온다는 예보를 들었다고 하더라도 우산은 안 가져가는 게 좋다고 충고한다. 요즘 일기예보의 정확도는 평균 90퍼센트가 넘는다. 일기예보에서 비가 온다고 하면 10번 중에 9번은 비가 오는 것이다.

그런데 좀더 생각해보면 사정은 달라진다. 만일 기상청에 근무하는 기상통보관이 집에서 잠만 자면서 1년 내내 무조건 "비가 안 온다"고 예보한다고 가정해보자. 그렇다면 이 경우 일기예보의 정확도는 몇 퍼센트일까? 우리나라는 1년 중 비가 오는 날이 많아야 100일이다. 결국 아무 계산을 하지 않고 무조건 "비가 안 온다"고 우겨도 날씨를 맞출 확률이 무려 72.60퍼센트에 달한다.

패스트푸드점의 줄도 마찬가지다. 가게에 들어서면 순간적으로 제일 짧은 줄을 찾기 마련이다. 하지만 대개 실패할 때가 많다. 매튜스 교수에 따르면 이는 너무 당연한 결과다. 패스트푸드점의 계산대가 5개라고 하자. 5개 계산대 가운데 내가 선 줄이 가장 먼저 줄어들 확률은 5분의 1이다. 다른 줄이 먼저 줄어들 확률은 5분의 4이다. 운이 좋지 않으면 어떤 줄을 선택하든 다른 줄이 먼저 줄어들 확률이 4배나 많은 것이다. 재수가 아니라 확률적으로 늦을 수밖에 없다는 뜻이다.

이처럼 현실에서는 어떤 상황이 벌어질 때 경우의 수가 많은 사건이 적은 사건보다 잘 일어나게 된다. 세상의 복잡한 현상들은 결국 마지막 상태에 도달할 수 있는 방법이 많은 쪽에서 일어나는 것이다.

이와 달리 주사위를 던지거나 로또복권 공이 나올 때는 결과들이 같은 확률로 일어나기 때문에 어느 한 번호가 다른 번호보다 많이 나오는 일은 없다. 아리스토텔레스$^{Aristoteles, BC\ 384\sim322}$는 "확률의 본질이란 일어나지 않을 것 같은 일이 일어나는 것"이라고 했고, 유명한 영국의 수리통계학자 피어슨$^{Karl\ Pearson,\ 1857\sim1936}$은 "우리가 말할 수 있는 것은 어떤 수치의 정확한 값이 아니라 어떤 수치가 나타날 확률"이라고 말했다. 결국 현실은 통계 법칙을 따른다는 것이다.

이것은 바로 19세기 뉴턴의 결정론적 세계관을 넘어서는 혁명적인 사고이자 양자역학으로 넘어가는 다리 역할을 한 개념이었다. 실험 결과에서 나오는 수치들이 이론의 예측대로 맞아떨어져야 한다는 강박에서 벗어나, 측정하려는 값 주위에 어떻게 분포해 있는지, 어떤 수치가 나타날 확률이 얼마나 되는지에 주목하게 된 것이다.

그런데 알 수 있는 것이 정확한 수치가 아니라 그 수치에 접근하는 근사값이라면 과연 이런 개념이 물리학이나 화학 또는 생물학 같은 자연과학에 적용될 수 있을까? 대답부터 하자면 '그렇다'이다. 대표적인 예로 영국의 유전학자 프랜시스 골턴^{Francis} Galton, 1822~1911은 유전 연구에 이런 통계학적인 접근법을 사용해 성공을 거뒀다.

만약 아버지의 키가 커서 유전적인 영향으로 자식의 키도 크거나 아버지의 키가 작아 역시 유전적인 영향으로 자식의 키도 작다고 할 때, 이런 현상이 몇 세대가 지나면 어떻게 될까. 이론대로라면 몇 세대 지나지 않아 인류는 키가 무척 큰 사람들과 키가 무척 작은 사람들로 양분될 것이다. 하지만 실제로는 그렇지 않다. 골턴은 이를 평균으로의 회귀라고 불렀다. 평균으로의 회귀는 어떤 종種이 세대를 거듭하면서 평균적인 범위에 머물러 안정적인 상태를 유지해간다는 것이다.

이와 비슷한 논의는 자연과학 이외의 분야에서도 옛날부터 치열하게 전개되어왔다. 이른바 '인간에게 자유의지라는 것이 있는가'라는 의문이 그것이다. 인간에게 도덕적인 자유를 허용하고 그에 대한 책임을 추궁하고자 하는 입장에서는 자유의지가 있다고 해석하는 것이 필수적이었다. 사실 모든 국가의 형벌 체계는 기본적으로 '자유에 따르는 책임'에 근거를 두고 있다. 그러니까 인간에게 자유의지가 있는지 없는지를 떠나서 현실적으로는 최소한 어느 정도의 자유의지를 인정하는 것이다.

반면 기독교의 예정론은 인간 행동의 배경에 신의 의지가 있다고 여긴다. 또 정신분석학에서는 자유롭게 보이는 성인들의 행동도 알고 보면 어린 시절에 형성된 잠재의식의 귀결일 뿐인 경우가 많다고 본다. DNA의 위력을 극단적으로 신봉하는 사람들은 모든 생물의 일생은 DNA에 있는 유전정보가 시간이 지나면서 발현되는 것에 지나지 않는다고 주장한다.

양쪽의 대립은 영원히 해결 불가능한 것일까? 인간에게 자유의지가 있다고 보는 입장이나 그렇지 않다고 보는 입장이나 둘 다 나름대로 강력한 근거를 갖고 있다. 그래서 오래전부터 이 두 입장을 어떻게든 하나의 조화롭고 통합적인 구도 안에서 융화하려는 노력이 시도되어왔다. 양자역학도 이에 대한 해답을 하나 제시했다. 양자역학은 어떤 현상을 구현할 때 오직 확률적으로만 예측할 수 있다고 본다. 하지만 중요한 것은 그 확률이란 것이 엄격한 결정론적인 방정식에 따른다는 것이다.

이를 해석해보면 현실에서 일어나는 모든 사건은 본질적으로는 우연인데, 그 확률은 필연적이란 뜻이다. 우리가 사는 세계는 우연과 필연의 '삼각관계'에 놓여 있는 것이다. 그렇다면 '양자역학의 아버지'로 불리는 보어와 그의 맞수 아인슈타인은 이 삼각관계를 어떻게 해석했을까?

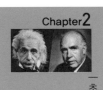

🙂 만남

MEETING

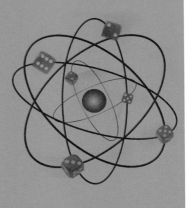

우연인가 필연인가

17세기판 CSI

매일 아침 학교 가는 버스 안에서 그녀를 만난다. 그것은 우연인가, 아니면 그녀와 잘 될 운명인가? 그건 생각하기 나름이라고 말할 수도 있다. 그렇다면 이런 예를 들어보자. 우리 속담에는 "까마귀 날자 배 떨어진다"는 말이 있다. 배가 떨어지는 현상은 우연일까, 아니면 까마귀의 음모일까?

철학자에게 한번 물어보자. 원자론을 확립한 고대 그리스 자연철학자인 데모크리토스Democritos, BC 460?~370?는 이렇게 얼버무릴 것이 분명하다.

"우주의 모든 존재는 우연과 필연의 열매인 것을……."

버스 안에서 그녀의 눈이 나와 마주치는 횟수가 많고, 가끔씩 수줍은 듯 웃어준다면 운명이고, 그렇지 않다면 그냥 그녀도 그 시간에 학교에 가는 것뿐이다. 평소 까마귀가 배나무 주변을 날며 호시탐탐 배를 노렸다면 음모이고, 그렇지 않다면 우연이다. 철학적인 사유로는 우연과 필연, 운명과 음모에 대한 명쾌한 해답을 얻기는 어렵다.

물리학자라면 어떻게 대답할까? 고전 물리학을 집대성한 뉴턴이라면 아마 대답을 하기 전 이렇게 따져 묻기부터 할 것이다.

"바람이 어느 방향에서 불고 있었죠? 그때 바람의 속도는 얼마나 됐습니까? 배의 질량은 측정했습니까? 배가 자유낙하 운동을 하던가요, 포물선 운동을 하던가요?"

17세기판 〈CSI〉를 상상하면 된다. 뉴턴이라면 모든 상황을 물리적인 변수로 바꿔서 정량적인 계산을 통해 얻은 값에 근거해 결론을 내릴 것이다. 배가 바람의 힘을 이기지 못하고 자유낙하 운동을 하는 속도의 크기와 비슷한 세기로 떨어졌다면 우연이고, 그렇지 않다면 외부의 힘이 작용한, 그러니까 누군가의 의도에 의한 것이다. 문제는 위의 변수 중 어느 하나라도 정량적으로 측정할 수 없다면 아무리 뛰어난 뉴턴이라고 하더라도 사건은 다시 미궁에 빠지고 만다는 것이다.

이제 현대 물리학의 거장 아인슈타인에게 한번 물어보자. 아인슈타인이라면 이렇게 대답했을 것이다.

"신은 결코 주사위 놀이를 하지 않는다."

아인슈타인에 따르면 그것은 결코 우연일 수 없다. 아인슈타인에게 우주의 모든 사건은 필연적인 법칙으로 연결돼 있어 우연이 끼어들 여지가 없다. 배가 떨어지는 것은 식탐 많은 까마귀가 주둥이로 배 꼭지를 잘랐거나 멀리서 날아온 돌멩이가 배에 명중한 결과다.

하지만 현대 과학은 우연을 현실의 일부로 받아들인다. 실험을 통해 어떠한 인과적인 설명도 불가능한 경우를 증명해낸 것이다. 극 진공관을 보자. 진공관은 에너지 원칙이

🔬 **큰 수의 법칙** law of great numbers

자연계에서 일어나는 현상은 우연에 의한 것이 많으며, 각 현상들 간에는 연관성이 없는 것으로 보이기도 한다. 하지만 관찰의 횟수를 늘리고 통계화하면 일정한 규칙성을 도출할 수 있다. 주사위를 반복해서 던질 때, 던지는 횟수가 늘어날수록 각 숫자가 나오는 확률은 일정한 값에 한없이 가까워진다.

엄격하게 적용되는 벽이다. 충분한 속도를 갖지 못한 전자들은 벽을 기어 올라갔다 미끄러진다. 그런데 어떤 전자들은 장애물을 뛰어넘는다. 어떤 놈이 통과할지는 미리 알 수 없다. 순전히 우연이다.

그렇다고 임의성이 물리학을 지배하지는 않는다. 여기에 큰 수의 법칙$^{law\ of\ great\ numbers}$ * 이 적용된다. 주사위를 여러 번 던져 나오는 수의 확률 말이다. 쉽게 말해 누가 일찍 죽고, 누가 장수하느냐는 것은 순전한 우연이지만 많은 사람을 오랫동안 조사하면 인간의 평균 수명을 산출할 수 있는 것과 같다. 어느 전자가 진공관을 통과할지는 모르지만 얼마나 많은 입자가 통과할 수 있을지는 예측할 수 있다. 이것을 응용한 것이 컴퓨터다.

배의 엉뚱한 생각?

현실에는 이렇게 '예측 가능한 우연'이 존재한다. 그러나 양자역학의 토대를 마련한 보어는 이 얘기에 반기를 들 것이다. 보어는 아인슈타인에게 이렇게 쏘아붙일지도 모른다.

"아인슈타인 선생, 제발 신이 뭘 하든 신경 꺼주시오. 우주를 지배하는 것은 우연과 예측 불가능성이오."

비록 우리가 우주의 현재 상태를 완벽하게 알고 있다고 하더라도 미래의 상태가 어떻게 변할지에 대해서는 오직 확률적 예측만이 가능하다는 것이 양자이론의 핵심이다. 그러니까 그 배가 만에 하나 떨어질 마음이 없을 수도 있는 것이다. 그 배가 잘 떨어지다가 중간에 딴 생각이 나서 옆길로 새어버릴 수도 있는 일이다.

그래서 양자역학을 정립한 물리학자 하이젠베르크는 "입자의 위치를 정하려고 하면 그 운동량이 확정되지 않고, 그 운동량을 정확히 측정하려고 하면 위치가 확정되지 않는다"고 했다. 이것이 바로 그 유명한 불확정성원리이다. 불확정성원리는 입자의 위치와 운동량이 동시에 확정된 값을 가질 수 없다는 이론으로, 이는 입자가 파동의 성질을 겸하고 있기 때문이다. 불확정성원리를 따라가면 물리학은 궁극적으로 통계 이상의 예측은 할 수 없다는 결론에 도달한다.

현실에서 배의 속도를 관찰하고 운동량을 측정하는 것은 예측 가능한 일이다. 그러나 먼지의 입자를 몇천억분의 일로 쪼갠 미립자의 세계에서는 이런 예측 가능한 일이 벌어지지 않는다. 이들은 불확정성원리를 따른다. 만약 미립자에게 자유의지가 있어서 자신의 운명을 마음대로 조절할 수 있다면, 자연과학은 존재 기반을 잃어버릴 것이다. 수천 년 동안 쌓아온 과학자들의 노력이 물거품이 되는 것이다.

현실에서 배가 낙하한 지 3초 뒤의 위치를 예측할 수 있는 것은 배가 자유의지에 따라 행동하는 것이 아니라 운동의 법칙이라는 결정론적인 법칙에 의존하고 있기 때문이다. 만약 현실에서 낙하한 배가 땅에 떨어지지 않는다면 물리학은 존재할 수 없을 것이다. 그것은 마법과 판타지의 세계이지 물리학의 세계는 아니다.

만에 하나 물리학의 세계가 어긋나기 시작하면 어떻게 될까? 지금 우리가 누리고 있는 과학 문명의 이기는 모두 물거품이 되고, 그동안 우리의 눈과 귀를 즐겁게 해줬던 수많은 SF 영화들도 허무맹랑한 얘기가 되고 말 것이다. 물론 기본적으로 SF 영화가 '픽션'이긴 하지만 말이다. 쉬운 예를 들어보자. 1998년 개봉한 영화 〈아마겟돈Armageddon〉에서는 '글로벌킬러'라고 불리는 텍사스 주 크기의 행성이 시속 22,000마일 약 35,400킬로미터로 지구를 향해 돌진해오며 지구는 최대의 위기를 맞는다. 그때 미국항공우주국NASA의 댄 트루먼 국장이 "사람을 직접 소행성에 보내 소행성을 폭파시키자"는 해결책을 제시한다. 소행성의 중심부까지 구멍을 뚫어 핵폭탄을 직접 장착하기 위해 선택된 사람들의 이야기가 바로 〈아마겟돈〉이다.

영화 속 소행성의 운동도 결국 물리학의 법칙에 지배되고 결정된다. 소행성의 운동은 미립자처럼 불확정한 것이 아니라 '예측 가능'하다는 말이다. 만약 소행성의 운동을 예측할 수 없다면 누구도 소행성을 폭파하겠다는 임무에 나서지 않았을 것이며, 〈아마겟돈〉이라는 영화도 나오지 않았을 것이다.

실제로 지구에는 매일 25톤가량의 먼지와 모래 크기의 입자들이 대기권으로 들어오다 타버린다. 1년에 한 번꼴로 승용차 크기만 한 소행성이 대기권에 들어오다가 타서 없어지기도 한다. 또 수백만 년에 한 번 정도는 지름이 1킬로미터가 넘는 거대한 물체가 지구에 떨어질 수 있다고 알려져 있다.

지난 2004년에는 미국 《워싱턴포스트^{The Washington Post}》가 2029년 4월 13일 지구가 소행성과 충돌할 가능성이 있다고 보도한 적이 있다. 너비가 300미터에 달하는 소행성이 지구를 향해 돌진해오고 있으며, 2029년 지구를 매우 가까운 거리에서 스쳐 지나갈 것이라는 내용이었다. 그리고 그 소행성이 지구와 충돌할 확률은 높지 않지만 혹시라도 지구와 충돌할 경우 유럽의 2~3개 나라 정도는 순식간에 날려버릴 수 있는 무시무시한 상황이 펼쳐진다고 경고했다.

이 얘기는 그해 6월 당시 애리조나대학교의 천문학 교수 데이비드 톨렌^{David Tholen}이 지구의 공전 궤도를 가로지르는 떠돌이 소행성을 발견하면서 시작됐다. 같은 해 12월 이 소행성은 호주에서 다시 관측됐으며 지구와 충돌할 가능성이 38분의 1이나 됐다. 긴장한 천문학계에서는 연구를 계속 진행했고, 그 결과 이 소행성이 24,000~40,000킬로미터 차이로 지구를 스쳐 지나갈 것이라는 계산을 얻었다. 이 거리는 지구와 달 사이의 10분의 1쯤 된다. 문제는 이 소행성이 2035년에 그냥 스쳐 지나가더라도 이후 지구 중력의 영향으로 소행성의 궤도가 변경돼 5~9년 주기로 지구와 충돌할 가능성이 있다는 점이었다.

소행성이 지구에 근접해온다면 어떤 조치를 취할 수 있을까?

1998년 개봉한 영화 〈딥 임팩트^{Deep Impact}〉에서처럼 핵무기를 이용해 소행성을 공중에서 폭발시킬 수 있다. 실제로 지난해 미국 항공우주국은 독립기념일인 7월 4일에 맞춰 인류 최초로 우주선을 혜성에 충돌시키는 딥 임팩트를 성공시키기도 했다. 하지만 딥 임팩트의 경우 핵무기가 소행성을 차단하기는커녕 방사능을 지닌 엄청난 괴물로 변해 지구에 더 큰 재앙을 부를 수도 있다.

어쨌든 결론은 크게 불안해하지 않아도 된다는 것이다. 우리가 살고 있는 세계는 불확정성원리에 지배되는 미립자의 세계가 아니다. 현실에서는 배가 '엉뚱한 생각'을 하지 않고 땅으로 떨어지기 마련이다. 그렇다면 20세기 초 물리학자들이 굳이 불확정성원리가 지배하는, 눈에 보이지도 않는 조그만 세계를 들여다본 이유는 뭘까? 이제 본격적으로 양자역학의 세계로 떠나보자.

니들이 양자를 알아?

이제 고전역학의 위기가 시작되던 때로 거슬러 가보자. 1687년
뉴턴이 《프린키피아Principia》 즉 《자연철학의 수학적 원리Philosophiae
Naturalis Principia Mathematica》를 출판하면서 고전역학은 탄탄한 체계를
갖췄다. 이후 200여 년이 넘도록 뉴턴의 고전역학은 과학자들
사이에서 절대적인 진리로 여겨졌고 어느 누구도 고전역학이 설
명하지 못하는 자연 현상이 있으리라곤 생각하지 않았다. 그런
데 1850년대 고전역학에 들어맞지 않는 문제가 발생했다. 바로
흑체복사이론이었다. 도대체 흑체복사가 뭐길래 그토록 과학자
들을 괴롭힌 것일까?

위기의 고전역학

흑체복사를 이해하기 위해서는 먼저 전자기파를 알아야 한다. 전자기파는 파장에 따라 여러 종류로 나뉜다. 전자기파를 파장이 긴 것부터 늘어놓으면 전파, 적외선, 가시광선, 자외선, X선, 감마선 순이다. 이 중 우리 눈에 보이는 전자기파는 가시광선뿐이다. 가시광선을 다시 파장이 긴 순으로 나누면 빨강, 주황, 파랑 등 흔히 무지개 색으로 나뉜다. 예를 들어 태양은 노란색에 가까운 빛을 띠는데, 햇빛을 프리즘에 통과시키면 빨강부터 보라까지 여러 색으로 나뉘는 현상을 볼 수 있다.

그런데 이런 전자기파의 파장은 온도와 관계가 있다. 즉 온도가 낮은 물체는 파장이 긴 적외선을 내고, 이보다 온도가 조금 더 높아지면 가시광선을 내다가 온도가 아주 높아지면 자외선이나 X선을 낸다. 철을 뜨겁게 달구는 과정을 보자. 온도가 낮을 때는 철이 검은색에 가깝게 보인다. 이때 철은 가시광선 영역의 빛은 거의 내지 않는다. 그런데 철을 달구면 온도가 올라가면서 철이 벌겋게 되다가 점점 노란색에 가까워진다. 이 과정에서 철이 내는 빛의 스펙트럼을 보면 철이 붉게 보일 때는 붉은색이 가장 강하고, 온도가 올라가면서 다른 색의 강도가 점차 강해진다. 즉 온도에 따라서 스펙트럼 띠에서 가장 강한 색이 결정되는 것이다. 실제로 1800년대에는 철을 제련할 때 달아오른 철의 색깔을 보고 온도를 알아내 공정을 조절했다고 한다.

1800년대 후반 독일의 물리학자 빌헬름 빈^{Wilhelm Wien, 1864~1928}은 철 제련 연구용으로 세운 연구소에서 일하고 있었다. 여기서 빈은 물체가 내는 빛의 스펙트럼에서 가장 강한 빛의 파장은 온도에 반비례한다는 사실을 알아내고 이를 법칙으로 발표했다. 즉 어떤 온도에서든지 물체는 여러 파장의 빛을 내지만, 전체 색은 가장 강한 빛의 파장으로 결정되며, 가장 강한 빛의 파장은 물체의 종류에 상관없이 오직 온도에 의해 결정된다는 것이었다.

빈이 철을 달구면서 유심히 관찰한 결과, 온도가 아주 낮을 때는 가장 강한 빛의 파장이 적외선 영역에 있으므로 우리 눈에 보이지 않는다. 그러다가 온도가 올라가면서 강한 빛의 파장이 점차 짧은 쪽으로 옮겨가면서 노란색이 강해지게 된다. 그리고 온도가 더 높아지면 파란색으로 옮겨가겠지만, 철은 그 전에 녹아 버린다.

빈의 이론은 철의 온도에 따라 색이 변화하는 현상을 설명하기는 했지만 정말 그 이론이 확실한 것으로 인정받기 위해서는 엄격한 실험이 필요했다. 물체의 스펙트럼은 온도에 영향을 받지만 한편으로는 빛이 나오는 물체에 의해서도 영향을 받기 때문이다. 그래서 물리학자들은 빛이 나오는 물체(광원)에 영향을 받지 않고 온도에만 영향을 받는 이상적인 물체가 필요했다. 이것이 흑체^{黑體, black body}다.

모든 물체는 자체 온도가 높을 때는 빛을 방출하고 낮을 때는 흡수하는 성질이 있다. 예를 들어 나트륨을 태우면 노란선이 몇 개 나온다. 그런데 백열전구의 빛을 차가운 나트륨 기체에 통과시키면 스펙트럼에서 나트륨의 노란선만 까맣게 빠져 있다. 같은 파장의 빛을 나트륨 기체가 흡수해버렸기 때문이다. 그렇다면 만일 자신이 차가울 때 내놓은 모든 파장의 빛을 흡수하는 물체가 있다면 이 물체의 온도가 올라가면 다시 모든 파장의 빛을 골고루 내놓을 것이다. 모든 파장의 빛을 흡수한다는 얘기는 물체가 아주 까맣다는 뜻이다. 때문에 물리학자들은 검은 빛을 띠는 물질로 결과가 정말 그런지 실험했다.

빈은 기발한 착상을 했다. 속이 비어 있는 상자에 아주 작은 구멍을 뚫으면 이 상자에 들어간 빛은 상자 내부에서 이리저리 반사되겠지만, 이 빛이 들어온 구멍을 다시 찾아서 나올 확률은 아주 낮아진다. 즉 흡수된 빛이 나오지 못하는 상황을 만들어낼 수 있게 된다. 빈은 실제 물체 대신 흑체에 해당하는 검은 상자를 생각해냄으로써 그의 이론을 실험해볼 수 있게 됐다. 실험 결과 상자의 재료가 무엇이든 상관없이 상자의 온도를 올릴 때, 상자의 구멍에서 나오는 빛의 스펙트럼에서 가장 강한 빛의 파장은 빈의 예측과 정확하게 들어맞았다.

그리고 이번에는 스펙트럼 중에서 파장이 짧은 쪽, 즉 보라색과 파란색을 아주 잘 예측하는 공식을 생각해냈다. 빈은 검은 상자 속을 채우고 있는 빛의 에너지가 상자 속에서 움직이는 기체 분자의 에너지의 모양과 비슷할 것이라는 가정에서 하나의 공식을 제안했는데, 이 공식은 짧은 파장의 빛에 대해서는 잘 맞았다.

이것이 바로 1893년 빈이 발표한 '빈의 변이법칙'이다. 1895년 독일 하노버공대의 프리드리히 파셴[Friedrich Paschen, 1865~1947]은 정교한 실험 장비를 써서 빈의 변이법칙이 들어맞는다는 것을 증명하는 결정적인 실험 결과를 얻었다. 그 뒤 1899년까지 많은 과학자들은 실험을 통해 빈의 변이법칙을 확인했고, 19세기 말 빈의 변이법칙은 하나의 진리로 받아들여지게 됐다.

그런데 한 가지 해결되지 않는 것이 있었다. 빈의 변이법칙은 실험으로는 증명이 됐지만 이론적으로는 일반적인 형태로 유도되지 않았다. 아무리 뉴턴의 고전역학을 써서 공식을 유도해도 실험 결과와 맞아 떨어지는 형태를 만들 수 없었다. 더 큰 문제는 파장이 길어질수록 빈의 변이법칙이 더욱 들어맞지 않는다는 점이었다.

한편 비슷한 시기 영국의 물리학자 레일리[John Rayleigh, 1842~1919]가 긴 파장 쪽을 설명하는 공식을 제안했다. 이 공식은 레일리-진스 법칙으로 불린다. 레일리는 빛이 파동이라는 성질을 이용해 물결 모양 한 개마다 어떤 일정량의 에너지를 갖는다는 가정에서 출발했다. 그런데 이 식은 파장이 긴 붉은색 빛은 잘 설명했지만, 빈이 설명한 가장 강한 빛의 파장을 예측하지는 못했고 짧은 파장의 빛의 분포도 설명하지 못했다.

그리고 빛의 파장이 짧아지면서, 즉 자외선 영역에서는 상자를 채울 수 있는 물결 모양의 개수가 점점 많아지는데, 그러면 점점 많은 에너지가 필요하게 된다. 그런데 상자 속에 있는 에너지가 그렇게 무한정 많다고 생각하는 것은 무리였다. 때문에 레일리-진스 법칙에 따르면 자외선 영역에서는 복사 강도가 무한대로 나왔다. 모든 복사에너지를 흡수한 흑체의 복사라면 응당 무한한 양의 열과 빛은 자외선 영역에서 최고의 강도로 방출돼야 하는 고전역학에는 들어맞는 결과였다. 하지만 실제로 흑체는 밝은 황색에서부터 적색, 청백색, 그리고 가장 뜨거운 백열에 이르는 스펙트럼을 발산했다. 이 때문에 당시 이 문제는 '자외선 파탄Ultraviolet catastrophe'이라고 불리기도 했다.

실험이 잘못된 것일까, 아니면 이론 자체에 문제가 있는 것일까? 이처럼 흑체복사 문제를 필두로 당시 고전물리학으로는 설명할 수 없는 문제들이 불거지면서 과학자들은 이를 해결하기 위해 안간힘을 쓰고 있었다.

아프리카에 에어컨 없는 빌딩 짓기

만약 당신이 19세기 물리학자였다면 이 문제를 어떻게 해결하겠는가? 이런 상황에 비유해보자. 누군가 당신에게 "아프리카 한가운데 에어컨 없는 빌딩을 지어주시오"라는 주문을 했다. 당신은 "아니 그렇게 더운 나라에 어떻게 에어컨도 없는 빌딩을 짓는단 말이오"라며 버럭 화를 내거나 "가능한 방법을 찾아봅시다"라며 새로운 아이디어를 찾기 위해 고심할 것이다. 실제로 건축가 믹 피어스^{Mick Pearce}는 이런 주문을 받았다. 그리고 에어컨 없이 건물 내부 온도가 항상 24°C로 유지되는 건물을 설계하는 데 성공했다. 그렇게 탄생한 것이 1996년 짐바브웨 수도 하라레에 들어선 건물 '이스트게이트'다.

피어스가 찾은 해법은 흰개미집이었다. 흙에 침을 섞어 만든 개미집 속에는 흰개미가 200만 마리 이상 산다. 이들이 하루에 소비하는 산소양만 240리터에 달한다. 만약 사람이 200만 명 이상 모여 사는 건물에 에어컨 같은 환기 시설이 없다고 가정해보자. 아마 한두 시간 안에 모두 질식사할 것이다. 흰개미는 개미집 상층부에 환기용 구멍을 몇 개 내서 이 문제를 간단히 해결한다. 공기가 환기용 구멍을 통과하면서 이산화탄소 같은 탄산가스의 농도는 낮아지고, 한낮에는 38°C까지 올라갔다가 밤에는 5°C로 뚝 떨어지는 극심한 온도차 역시 줄어들어 개미집 내부 온도가 일정하게 유지된다. 흰개미는 자연을 거스르지 않고도 생존의 문제를 지혜롭게 해결하는 것이다.

19세기 말 물리학자들도 바로 피어스와 비슷한 상황에 처한 셈이었다. "흑체복사 현상을 고전역학 이론으로 설명해주시오"라는 주문을 받았기 때문이다. 이로 인해 이후 물리학은 일대 변혁을 겪게 된다. 그리고 피어스처럼 발상의 전환을 통해 해결책을 내놓은 인물이 바로 독일의 막스 플랑크였다.

건물 상층부에 환기구를 뚫는 것은 사실 누구나 생각할 수 있는 간단한 아이디어다. 하지만 에어컨이라는 기존 방식에 집착

해 에어컨을 대신할 복잡한 장치를 만드는 방법만 생각하다 보면 건물 설계는 물론이고 모든 문제가 더욱 복잡해진다. 19세기 말 대부분의 물리학자들이 이런 식으로 흑체복사 문제를 해결하려 했다. 반면 플랑크는 양자라는, 어쩌면 너무나 간단하지만 새로운 개념을 도입해 위기에 처한 물리학을 구제한 것이다.

1899년 12월 플랑크는 새로운 제안을 했다. 그는 빛의 에너지가 연속적인 값이 아니라 어떤 단위 값의 정수배인 특정한 값만 갖는다는 가정을 세웠다. 즉 각 빛은 진동수에 비례하는(즉 파장에 반비례하는) 값의 에너지만 주고받을 수 있다고 가정했다. 플

랑크는 이 비례상수를 h로 뒀다. 이를 식으로 나타내면 $\varepsilon = h\nu$ 된다. 여기서 ν('뉴'라고 읽는다)는 진동수를, h는 후에 '플랑크 상수'로 불리게 되는 값이다.

플랑크의 가정대로 에너지가 h의 정수배로 묶여서 전달된다면 파장이 짧을수록(즉 진동수가 많을수록) 많은 에너지가 필요하다는 뜻이 되고 이것은 레일리의 공식과 비슷하게 된다. 그런데 플랑크는 에너지가 클수록 그런 빛이 존재할 확률이 적다는 가정을 추가했다. 때문에 레일리-진스 법칙에서 도출됐던 파장이 짧아지면 에너지가 무한정 많아지는 모순을 해결할 수 있었다. 이렇게 해서 만들어진 플랑크의 공식은 빈의 짧은 파장에서도, 레일리의 긴 파장에서도 잘 맞았다. 플랑크는 1900년 12월 14일 베를린에서 열린 독일 물리학회에서 〈정상 스펙트럼의 에너지 분포 법칙에 관한 이론〉이라는 논문을 통해 이 공식을 발표했다(이로 인해 12월 14일은 양자론의 탄생일로 불린다). 드디어 흑체복사의 문제가 풀린 것이다. 흑체복사 문제를 푼 공로를 인정받아

🎲 보편상수

물리학에는 물질의 종류에 관계없이 절대불변인 양이 있다. 이를 보편상수라고 부른다. 고전역학에서 보편상수로 뉴턴의 만유인력의 상수 G가 있다면 양자역학에서는 흔히 '플랑크 상수'로 불리는 h가 있다. h는 당시로서는 젊지 않은 42세의 나이로 플랑크가 발견했다는 점에서 그의 물리학에 대한 끈기와 집념의 결정체라고 해석할 수 있다. 특히 h 이후 이런 보편적인 의미를 가진 새로운 보편상수는 아직까지 발견되지 않고 있다.

빈은 1911년, 플랑크는 1918년 각각 노벨 물리학상을 받았다.

한 가지 흥미로운 사실은 플랑크가 진동수에 비례하는 값의 에너지만 가능하다는 생각을 해 낸 과정이다. 플랑크 자신도 후에 '운 좋게 선택된 공식'이라고 부를 만큼 플랑크의 흑체복사 공식은 뚜렷한 물리학적인 근거가 없었다. 때문에 플랑크는 공식을 발표한 뒤에야 자신의 공식을 사용할 수 있는 물리학적인 근거를 찾아내려고 안간힘을 썼다고 한다.

한편 플랑크가 자신의 흑체복사 공식을 발표한 데에는 당시 독일 제국물리기술연구소^{PTR, Physikalisch-Technische Reichsanstalt}의 영향이 컸다는 해석도 있다. 처음에 플랑크는 빈의 변이법칙을 이론으로 증명하는 문제에 매달리고 있었다. 그런데 제국물리기술연구소의 탁월한 실험 물리학자들이 빈의 변이법칙이 높은 온도의 긴 파장에서는 들어맞지 않는다는 사실을 증명하면서 플랑크가 새로운 방법을 찾게 됐다는 것이다. 만약 한 이론이 어떤 현상을 설명하는 유일한 이론이라면 모든 실험 결과를 설명할 수 있어야 할 뿐 아니라 이론적으로도 그렇다는 것을 유도할 수 있어야 한다. 그래야 '완벽한' 법칙이라고 부를 수 있지 않겠는가. 짧은 파장에서만 잘 들어맞는 빈의 변이법칙도 긴 파장에서만 잘 들어맞는 레일리-진스 법칙도 플랑크에게는 유일한 이론이 될 수 없었던 것이다.

보수와 진보 사이

플랑크의 $\varepsilon = h\nu$라는 공식은 엄청난 뜻을 담고 있었다. 이 식에 따르면 진동수가 ν인 빛의 에너지는 $h\nu$, $2h\nu$, $3h\nu$, $4h\nu$, 등의 값만 가질 수 있다는 말이 된다. 이것은 마치 $h\nu$만큼 에너지를 가진 덩어리가 1개, 2개, 3개, 4개 있는 것과 같은 결과가 된다.

이는 당시 많은 과학자들을 당황하게 했다. 플랑크의 식이 에너지가 연속적인 값을 갖지 않는다는 의미를 담고 있었기 때문이다. 그때까지 고전역학에서는 에너지가 마치 물처럼 연속적으로 흐른다고 여겼다. 열도 마찬가지였다. 열은 에너지의 한 형태로 끊이지 않고 연속적으로 방출되며 역학적 에너지처럼 새로 생성되거나 소멸되지 않고 보존되는 것이었다. 이를 토대로 한 것이 열역학 제1법칙*이었다.

그런데 플랑크의 작용양자는 열이 끊이지 않고 흐른다는 기본적인 고전역학의 관념을 포기한 것이었다. 플랑크는 에너지가 불연속적인 단위나 다발로 복사된다고 가정했다. 실제로 뜨겁게 달궈진 구멍에서는 특정 진동수에 해당하는 에너지의 열만 복사한다. 그 에너지의 가장 작은 단위가 바로 양자이자 플랑크 상수로 불리는 h인 것이다. 가령 $h/3$, $h/2$처럼 쪼개진 양자는 없다. 이는 당시로서는 혁명적인 사고의 전환이었다. 플랑크의 양자 개념을 받아들인다는 것은 그때까지의 물리학을 지탱하던 고전역학의 기본 개념을 부정하는 것이었다. 열역학 법칙도 다시 써야 할지 모른다. 그런데 플랑크의 양자 개념을 써서 계산하면 풀리지 않던 열복사 문제가 실험 결과와 너무나 잘 맞아 떨어졌다. 플랑크가 양자 개념을 내놓으면서 당시 물리학자들에게는 고전역학을 버리지도, 양자 개념을 받아들이지도 못하는 아주 곤란한 상황이 벌어진 것이었다.

정작 플랑크 본인도 이 개념에 대해 매우 복잡한 태도를 보였다. 예를 들어 1911년에는 자신의 복사 이론을 수정해 새로운 복사 이론을 제안했다. 새로운 복사 이론에 따르면 빛이 물질에 흡수될 때는 연속적으로 변하는 반면 빛이 물질에서 방출될 때는 불연속적으로 변한다. 자신의 양자 불연속 개념을 완전히 받아들일 수도 버릴 수도 없었던 플랑크로서는 수많은 고민 끝에 얻은 결론이었던 셈이다.

이런 분위기가 반전되기 시작한 것은 로런츠 Hendrik Lorentz, 1853~1928[*] 의 강연에서부터였다. 로런츠는 당대에 가장 권위 있는 물리학자이자 수학자였다. 1908년 로마에서 수학자들이 모이는 회의가 열렸는데, 이 회의에서 로런츠는 레일리-진스 법칙을 고전역학적인 방법으로 유도했다. 그러면서 그는 플랑크의 복사

 열역학 제1법칙

에너지 보전법칙을 열 현상에 확대시킨 법칙. 열을 에너지의 한 형태로 보며, 역학 에너지와 대등한 입장에서 다룬다. 열이 역학 에너지로 역학 에너지가 열로, 에너지의 형태를 바꿀 수는 있지만, 스스로 생성·소멸할 수 없다.

 로런츠 Hendrik Lorentz

네덜란드의 이론물리학자. 1902년 노벨물리학상을 수상했다. 고전전자론을 완성하였고, 고전물리학을 총결산한 것으로 평가받고 있다. '물리학의 아버지'로 불린다.

공식보다 레일리 – 진스의 공식이 훨씬 뛰어나다고 주장했다. 로런츠의 유명세 덕분에 이 주장은 곧 과학계에 널리 퍼졌고 이는 실험 물리학자들의 반발을 샀다. 빈을 포함한 다수의 학자들은 레일리 – 진스 공식이 짧은 파장에서는 실험적으로 잘 들어맞지 않는다며 로런츠의 주장에 격렬하게 항의했다. 결국 로런츠는 자신의 주장을 공식적으로 철회하기에 이르렀다. 로런츠가 레일리 – 진스 법칙을 옹호한 일이 거꾸로 플랑크에게는 물리학자들이 자신의 공식을 되돌아보게 만드는 계기를 준 셈이다.

한편 플랑크는 양자론의 포문을 열었지만 끝까지 고전역학을 거부하지 못했다. 그럼에도 불구하고 플랑크로 인해 20세기 초 양자론이 탄생했고, 이로써 물리학의 근본 구조가 영원히 바뀔 수 있었던 것은 사실이다. 특히 고전역학이 너무나 완벽해서 더 이상 물리학자들이 할 일이 없을 것이라고 생각되던 당시에 플랑크가 양자 개념을 제시했다는 것은 더욱 의미가 크다. 더 이상 새롭게 할 일이 없을 것 같은 답답한 상황이 바로 혁명이 시작되는 시점이라는 것을 플랑크가 몸소 보여준 것이다. 그의 업적은 너무도 탁월했기 때문에 뉴턴, 아인슈타인과 같은 '급'으로 다뤄지기도 한다.

1858년	출생(4월 23일)
1879년	박사 학위 받음
1885년	킬 대학 부교수로 취임
1889년	베를린 대 부교수로 취임
1892년	베를린 대학 정교수로 취임
1894년	베를린 아카데미 정회원으로 선출
1900년	양자론의 신호탄, 흑체복사 이론 발표
1912년	베를린 아카데미 상임 서기로 선출
1918년	노벨 물리학상 수상
1930년	카이저 빌헬름 협회 회장 취임
1947년	사망(10월 4일)

막스 플랑크

"물리학의 기초를 이해하고 물리학의 토대를 좀 더 공고히 하고 싶습니다."

어느 날 막스 플랑크는 지도교수에게 이렇게 말한 적이 있다고 한다. 이 한마디가 훗날 그의 삶을 완전히 바꿔놓을 줄 플랑크 자신은 알고 있었을까?

플랑크는 대대로 보수적인 집안 출신이었다. 아버지는 프로이센 민법을 작성하는 데 참여한 법학자였고, 어머니는 목사 집안 출신이었다. 킬^{Kiel}에서 태어난 플랑크는 이후 가족과 함께 뮌헨으로 이사했고, 그곳에서 막시밀리안 김나지(독일의 정규 중등교육기관, 한국의 중·고등학교에 해당한다)을 졸업했다.

1874년 뮌헨대학교에 입학한 플랑크는 3년간 물리학을 배웠고, 이듬해 베를린대학교에서 당시 유명한 물리학자인 헬름홀츠$^{Robert\ Kirchhoff,}$ $^{1824\sim1887}$, 키르히호프$^{Robert\ Kirchhoff,\ 1824\sim1887}$, 클라우지우스에게 열역학 이론을 배웠다. 뮌헨대학교로 돌아온 플랑크는 열역학 제2법칙에 관한 논문으로 1879년 박사학위를 받았다. 6년 뒤 그는 킬대 부교수를 거쳐 키르히호프의 후임으로 베를린대학교의 부교수가 됐고, 1892년 정교수가 됐다. 이후 그는 평생 베를린대에서 학술활동을 했다.

플랑크가 흑체복사 공식을 연구한 곳도 베를린대였다. 어느 날 그는 난로의 작은 구멍을 관찰하고 있었다. 구멍에서 방출하는 빛과 열을 나타내는 흑체복사에 뭔가 절대적인 법칙이 숨어 있지는 않을까 해서였다. 복사의 세기는 오로지 측정 대상의 파장과 용기의 온도에 달려 있었다. 용기의 모양이나 크기, 재질은 관계없었다.

플랑크가 이 문제에 관심을 가졌던 이유는 당시 물리학자들이 이 문제로 골머리를 앓고 있었기 때문이었다. 이론적으로는 난로 안에 있는 모든 에너지는 파장이 가장 짧은 자외선이 가장 강해야 했다. 따라서 만약 부엌에 있는 오븐을 연다고 하면 엄청나게 높은 복사에너지가 오븐을 연 사람에게 쏟아져야 한다. 그러나 실제로는 그렇지 않다. 조금 뜨겁긴 하지만 치명적일 정도는 아니다.

1895년부터 플랑크는 이 문제에 매달렸다. 그리고 1900년 10월 그 문제를 부분적으로 해결했다. 하나는 파장이 긴 영역에서 성립하도록, 다른 하나는 파장이 짧은 영역에서 성립하도록 이론적으로 공식을 만들었다. 그랬더니 실험 결과와도 멋들어지게 맞아떨어졌다. 하지만 플랑크 자신은 만족스럽지 못했다. 파장의 길이에 상관없이 항상 성립하는 하나의 공식이 아니었기 때문이다.

이를 위해서 그는 그때까지 절대적인 진리라고 믿었던 기본적인 가정을 버려야 했다. 에너지가 흐르는 물처럼 끊임없이 변한다는 생각 대신 불연속적으로 변한다고 생각해야 했다. 이는 고전물리학을 뒤엎는 개념이었다. 플랑크는 1900년 12월 14일 베를린 물리학회에서 작용양자라는 개념을 발표하면서 빛과 물질이 상호작용할 때 에너지가 기본 단위의 배수로만 흡수되거나 방출된다고 제안했다.

1900년 이후 플랑크는 과학계의 행정가와 지도자 역할에 많은 시간과 에너지를 쏟았다. 1914년 스위스의 취리히공대 교수인 아인슈타인을 당시 학문의 중심지였던 베를린대학교로 오게 만든 이도 플랑크였다. 플랑크는 아인슈타인을 베를린대학교로 불러 교수직과 카이저빌헬름연구소(막스 플랑크 연구소의 전신)의 연구원직을 겸임하게 했다. 플랑크가 이렇게 한 데는 아인슈타인이 전 시대를 통해서 가장 위대한 과학자라고 높게 평가했기 때문이다. 아인슈타인이 유태인이라는 이유로 학자로서 제대로 대접을 받지 못하고 있는 상황이 플랑크로서는 납득하기 힘들었다.

1926년에는 플랑크 자신도 카이저빌헬름연구소에 들어와 1930년에는 연구소 소장까지 맡게 된다. 그런데 이 무렵부터 플랑크에게 불행한 일이 생기기 시작했다. 1933년 히틀러가 정권을 잡자 유태인과 자유주의자의 추방이 시작됐다. 아인슈타인을 비롯해 많은 학자들이 강제로 추방됐다. 플랑크는 히틀러를 만나 유태인 과학자를 독일에서 몰아내지 말라고 항의했지만 그의 주장은 묵살됐다. 하이젠베르크는 아인슈타인을 지지했다는 이유로 사직 권고를 받기도 했다.

플랑크 자신은 독일에 남아 있기로 결정했는데, 그 때문에 많은 대가를 치렀다. 플랑크의 장남인 칼은 제1차 세계대전 중 전사했다. 설상가상으로 두 딸마저 출산으로 사망하면서 플랑크 곁에는 차남인 엘

빈만 남았다. 하지만 엘빈 역시 1944년 7월의 히틀러 암살 계획에 가담했다는 이유로 이듬해 사형되고 말았다. 게다가 플랑크의 집은 대공습으로 불타 사라졌다. 80세가 넘은 플랑크에게 남은 것은 그의 아내가 전부였다. 전쟁이 끝난 뒤 플랑크는 애국심과 자유주의의 상징으로 떠오르면서 독일 국민의 존경을 한몸에 받았고, 1947년 향년 89세로 숨을 거뒀다.

그의 긴 일생에서 주된 관심은 열역학 문제에 있었다. 양자를 발견하게 된 것도 열역학 문제를 연구하면서였다. 플랑크가 노벨상 물리학상을 받았을 때 그의 나이는 42세였다. 요즘 노벨상 수상자들의 나이를 감안하면 그리 늦은 것은 아니지만 당시 이론 물리학자로는 드문 경우였다. 예를 들어 뉴턴은 23세에 만유인력의 법칙을 발견했고, 아인슈타인은 26세에 특수상대성이론을, 보어는 27세에 원자이론을 발표했다. 빈 역시 자신의 변이법칙을 발견했을 때의 나이가 29세였다. 그렇기 때문에 플랑크는 '대기만성형' 과학자로 평가되기도 한다.

확률을 믿지 않는 남자

양자 불연속 개념을 만든 플랑크조차 그 개념에 확신이 없던 1905년, 광양자 가설을 주장하며 양자 불연속 개념을 받아들인 인물이 있었다. 바로 상대성이론으로 유명한 아인슈타인이다. 아인슈타인은 플랑크의 양자 개념을 이용해 광전 효과를 설명함으로써 어떻게 빛이 입자의 흐름처럼 운동하는지 증명했다. 이로 인해 아인슈타인의 광양자 가설은 이후 빛이 입자와 파동의 이중성을 갖는다는 결과를 이끌어낼 수 있는 초석을 놓았다. 또 광양자라는 새로운 개념은 20세기 양자역학이 발전하는 데도 큰 역할을 담당했다.

입자냐, 파동이냐 그것이 문제로다

1905년 3월 아인슈타인이 광양자 가설을 담은 논문을 발표할 당시 물리학자들의 고민 중 하나는 빛의 본성이었다. 빛은 입자인가, 파동인가? 이 질문은 수천 년 동안 과학자들을 괴롭혔다. 대답은 어느 한쪽이 완승을 거두지 못하고 시대에 따라 엎치락뒤치락했다. 17세기에는 하위헌스Christiaan Huygens, 1629~1695가 주장한 빛의 파동론이 지지를 얻다가 18세기에는 뉴턴을 좇아 대부분의 과학자들이 빛을 입자로 봤다. 하지만 19세기 초 영국의 토머스 영Thomas Young, 1773~1829이 빛의 회절과 간섭현상을 실험적으로 밝혀내자 전세가 역전돼 빛의 파동론이 다시 고개를 들었다.

이런 상황에서 1905년 3월 아인슈타인은 빛의 입자론을 지지하는 논문을 발표했다. 그가 《물리학 연보》에 제출한 논문은 〈빛의 창조와 변화에 관한 과학적 관점에 대하여〉라는 다소 평범한 제목이었다. 하지만 그는 이 논문에서 빛이 연속적인 파동으로 공간에 퍼지는 것이 아니라 입자, 즉 광자로서 마치 불연속적인 입자처럼 운동한다고 주장했다. 빛의 입자론과 파동론에 다시 한번 논쟁의 불씨를 던졌던 것이다.

아인슈타인은 플랑크의 에너지 양자 개념에 주목했다. 1900년 플랑크는 복사에너지가 띄엄띄엄 떨어진 에너지 값을 갖는 덩어리로 존재할 수 있다는 내용을 발표했다. 에너지가 빛의 진동수의 1배, 2배, 3배처럼 정수배로 표시된다는 것이었다. 그때까지

에너지는 당연히 연속적인 것이었기 때문에 사람들은 플랑크의 주장을 쉽게 받아들이기 힘들었다.

플랑크 자신도 마찬가지였다. 계산 결과는 계산 결과였고, 이를 해석하는 것은 다른 문제였다. 그래서 그는 정수배의 의미를 1, 2, 3에서 1.5, 2.5, 3.5처럼 구간의 의미로 해석할 수 있다고 덧붙이면서 양자 개념을 발전시키기를 꺼려했다. 아인슈타인은 플랑크 자신이 연구해놓고도 놓치고 있던 양자 개념을 끄집어냈다. 그는 플랑크의 연구 결과에서 양자의 형태로만 에너지가 흡수됐다가 방출된다는 사실에 주목했다.

아인슈타인은 1902년부터 통계역학을 연구했는데, 가열된 물질의 에너지가 빛 에너지로 바뀌는 방식을 통계적으로 연구하면서 빛 에너지가 알갱이로 이루어져 있다고 가정해야 이해할 수 있다는 것을 알았다. 이로부터 아인슈타인은 빛의 양자, 즉 광양자 개념을 끌어냈다. 아인슈타인의 이 논문이 흔히 '광양자 가

콤프턴 효과

고에너지 상태의 빛을 원자 번호가 낮은 원자에 쏘면 전자를 방출한다는 것이 콤프턴 효과이다. 1923년 미국의 물리학자 콤프턴이 이런 현상을 발견했다. 콤프턴의 발견은 아인슈타인에 의해 세계적인 관심을 얻었다. 아인슈타인은 수년 동안 자신의 광양자 가설을 확인하는 결정적인 실험을 찾고 있었는데, 콤프턴이 이를 해준 셈이었기 때문이다. 당시 빛이 입자인지 파동인지를 놓고 논란이 있던 상황에서 콤프턴 효과는 빛이 입자라는 결정적인 증거를 제시한 것이다.

설'로 불리는 것도 이 때문이다.

아인슈타인의 광양자 가설은 광전효과도 설명할 수 있었다. 광전효과는 금속 표면에 빛을 쪼이면 전자가 튀어나오는 현상이다. 전자가 금속 표면에서 튀어나오는 것은 전자를 붙잡아두고 있는 사슬을 끊기에 충분한 에너지를 복사로부터 흡수하기 때문이다. 그런데 빛을 파동으로 보면 자외선을 쪼이건 적외선을 쪼이건 전자들은 무조건 튀어나와야 했다. 파동론에서는 금속에 전달되는 에너지가 빛의 세기에만 의존하기 때문이었다. 파동의 파장 또는 진동수에 관계없이 진폭에만 의존한다는 뜻이다.

문제는 실제로 관찰해보면 아무리 강한 적외선을 쪼여도 전자가 튀어나오지 않는 반면 자외선은 아무리 약한 강도로 쪼여도 전자가 튀어나온다는 사실이었다. 빛을 파동으로 보면 광전효과는 풀리지 않는 수수께끼였다. 광전효과를 설명하기 위해서는 빛을 입자로 보아야 했다. 물론 뉴턴식의 질(물체의 질량이 집결됐다고 가정하는 점) 같은 입자가 아니라 진동수에 비례하는 빛 에너지 입자, 즉 광자라는 새로운 개념이 필요했다.

아인슈타인은 광자 개념을 이용해 이를 설명했다. 빛의 세기를 결정하는 것은 광자의 개수다. 따라서 전자가 튀어나오는 것이 빛의 세기에 관계없다는 광전효과는 금속 표면에 적외선을 쪼이든 자외선을 쪼이든 전자가 한 개의 광자만을 흡수한다고 해석할 수 있었다. 빛의 세기를 결정하는 진동수에 따라 전자가 튀어나온다는 해석은 광전효과를 깔끔하게 설명했다. 적외선은 자외선보다 진동수가 낮고 따라서 에너지가 작기 때문에 전자를 방출시킬 수 없지만 자외선은 적외선보다 진동수가 높아 에너지가 크기 때문에 강도가 약해도 전자를 방출시킬 수 있는 것이다.

아인슈타인의 광양자 가설은 당시 과학자들에게 매우 '과격한' 것이었다. 파동론이 설명할 수 없었던 광전효과를 설명할 수는 있었지만 파동론이 설명하는 빛의 회절과 간섭현상을 설명할 수는 없었다. 광양자 가설의 유일한 약점이었다. 1911년 아인슈타인은 광양자 가설을 부분적으로 유보하고 빛의 파동론적 해석을 일부 받아들이기도 했다. 이후 1916년까지 그는 골칫덩어리였던 양자론을 잠시 잊고 중력 문제에 온 힘을 기울였다.

하지만 1916년 중력 연구로부터 일반상대성이론을 완성한 아인슈타인은 양자론에 대한 논의를 재개했다. 그때부터 그는 이전보다 훨씬 더 강하게 광양자 가설을 주장했다. 특히 1917년 그는 요즘 레이저의 원리가 된 유도방출에 대한 이론을 발표했는

일반상대성이론의 표절 시비

아인슈타인이 일반상대성이론에 관한 논문을 제출한 때는 1915년 11월 25일이다. 그런데 당시 독일의 유명한 수학자인 힐베르트는 아인슈타인보다 5일 일찍 일반상대성이론을 발표한 것으로 알려졌다. 이로 인해 한동안 아인슈타인은 힐베르트가 만든 장(field) 방정식을 표절했다는 의심을 받아왔다. 아인슈타인의 명예가 회복된 것은 그가 일반상대성이론을 발표한 지 82년 만인 1997년이었다. 힐베르트의 논문이 11월 20일이 아닌 12월 6일에 완성됐음이 밝혀진 것이다. 고인이 된 아인슈타인도 이 소식을 듣는다면 기뻐할 것이다.

데, 여기서 어떤 원소의 들뜬 원자가 자극을 받으면 빛을 낼 수 있다고 설명하면서 유도방출 과정이 있음을 이론적으로 보였다. 그리고 결론 부분에 이를 설명하기 위해 광양자의 존재가 필요함을 다시 거론했다.

그렇다고 아인슈타인이 광양자 가설이 내포하는 양자역학의 함의를 인정한 것은 아니었다. 그는 세계가 확률과 우연에 지배된다는 생각을 거부했다. 이 때문에 1924년부터 이듬해까지 아인슈타인은 덴마크의 물리학자 닐스 보어와 광양자의 존재 여부를 놓고 열띤 논쟁을 벌여야 했다. 보어는 1913년 원자모형을 발표하면서 원자와 분자구조에 양자론을 최초로 적용한 양자론의 '대부'였다. 당시 보어는 아인슈타인의 광양자 가설 논문에서 제시된 광양자 개념을 사용했지만 광양자 가설 자체에 대해서는 상당히 회의적이었다. 그럼에도 불구하고 1922년 아인슈타인은 광양자 가설 논문의 중요성을 인정받아 노벨 물리학상을 수상했다. 여전히 당대 유수의 과학자들이 광양자 가설에 의심의 눈초리를 보내고 있는 와중에도 말이다.

슈퍼스타와 다윗, 격돌하다

아인슈타인은 광양자 가설을 발표한 이후 1910년대가 되자 물리학자들은 서서히 양자 불연속 개념을 받아들이며 고전역학에 등을 돌리고 양자역학에 눈을 뜨기 시작했다. 하지만 양자역학이 모습을 갖춰갈수록 양자역학을 어떻게 해석할지에 관한 문제에 대해서는 의견이 분분했다.

아인슈타인이 상대성이론을 개발하는 데 사고실험*을 사용했다는 사실은 널리 알려져 있다. 아인슈타인은 보어와 활발한 논쟁을 벌일 때도 자신의 견해를 뒷받침하기 위해 사고실험을 사용했다. 아인슈타인은 보어와 그의 동료들의 생각을 바꾸기 위해 가능한 많은 시나리오를 전개했으며, 시나리오는 구멍을 통해 이동하는 빛에서부터 저울 위에 놓인 상자에 이르기까지 매우 다양했다.

예를 들어 아인슈타인의 논문 가운데 아인슈타인-포돌스키-로젠 역설(EPR 역설)로 불리는 사고실험이 있다. 아인슈타인은 여기서 서로 멀리 떨어져 있지만 어떻게 해서든지 빛의 속도보다 빨리 정보를 주고받을 수 있는 두 개의 입자를 상상했다. 보어는 아인슈타인의 다른 많은 양자에 관한 사고실험과 마찬가지로 이 사고실험에 대해서도 답변했다. 보어의 답변은 아인슈타인을 만족시키지는 못했지만 과학계의

🔬 사고실험

실제의 실험장치를 쓰지 않고 이론적 가능성을 따져 이어 맞추면서 마치 실험을 한 것처럼 머릿속에서 결과를 유도하는 일. 실제로 하는 실험에는 여러 가지 오차가 포함되지만, 사고실험에서는 구체적인 제약을 받지 않으므로 실험의 단순화·이상화를 기할 수 있다. 고전역학에서도 마찰이나 저항을 무시한 물체의 운동을 사고실험에 의해 논할 수 있었으나, 20세기에 들어 양자역학이 완성되는 단계에서 여러 가지 사고실험이 고안되어 물리학의 발달에 이바지했다. 하이젠베르크의 선현미경이나 슈뢰딩거의 고양이 등은 유명한 예다.

다른 사람들은 만족시켰다. 양자물리학에 관한 아인슈타인의 사고실험은 그의 의도와는 반대로 결과적으로는 양자물리학을 옹호하는 사람들로 하여금 마음을 굳히게 만드는 계기가 됐다.

아인슈타인과 보어의 양자역학 논쟁 중 가장 잘 알려진 일화는 솔베이 회의 논쟁이다. 1927년 10월 24일 벨기에의 수도 브뤼셀에서는 제5회 솔베이 회의*가 열렸다.

여느 때처럼 아인슈타인이 사고실험을 통해 모순을 보여주면 보어는 이를 극복할 수 있는 방법을 고안해왔다. 회의에 참석한 사람들은 혜성처럼 등장한 과학계의 '슈퍼스타' 아인슈타인과 '다윗' 보어의 대결을 은근히 즐겼다. 아인슈타인은 아침마다 양자역학이 부적절하다는 것을 보여주는 문제를 냈고, 보어는 저녁 무렵이면 아인슈타인이 낸 문제의 해결책을 찾아냈다. 이런 논쟁은 솔베이 회의가 열린 6일 동안 계속됐다. 물론 양자역학을 놓고 아인슈타인과 보어 사이의 논쟁은 이후 30여 년 동안 계속됐다.

1930년 제6차 솔베이 회의에서도 아인슈타인과 보어의 양자역학 논쟁은 계속됐다. 당시 아인슈타인은 빛으로 가득 찬 상자 하나를 제시했다. 이 상자에 특정 시간이 되면 작동하도록 설정된 시계에 의해서 열리고 닫히는 작은 셔터가 달려 있다

솔베이 회의

탄산나트륨의 공업적 제조법을 발명한 벨기에의 공업화학자 솔베이가 기부한 기금으로 열린 회의. 물리·화학 연구를 장려할 목적으로 설립되어 1911년부터 1949년까지 1·2차 세계대전을 제외하고 3년마다 한 번씩 열렸다.

고 가정해보자. 빛이 방출되기 전과 후에 상자의 무게를 재면, 에너지의 양과 시간을 정확히 얻을 수 있다. 이는 에너지와 시간이 동시에 정확히(엄밀히 말해서 '높은 정확도로')측정될 수 없다는 하이젠베르크의 불확정성원리에 반대되는 결과다.

아인슈타인의 문제를 들은 보어는 이 모순에 대해 고민하면서 잠 못 이루는 밤을 보냈다. 그는 12시간 정도를 고민한 끝에 마침내 아인슈타인을 당황하게 만들 만한 설명을 제시했다. 흥미롭게도 보어는 이를 위해 아인슈타인의 이론을 사용했다. 그는 우선 상자가 무게를 재는 용수철저울에 매달려 있다고 가정했다. 빛이 방출될 때 이 상자는 반동에 의해 움직이게 될 것이다. 그러면 당연히 지구에 대한 상자의 위치가 변할 것이다. 보어는 여기서 아인슈타인의 일반상대성이론에 따라 무게를 재는 동안 시계의 불확실한 고도가 시계의 정확도를 제한한다고 설명했다. 따라서 불확정성원리가 제시하는 시간과 에너지의 불확정성은 타당하다는 결과가 나온다.

이후 양자역학에서 실제와 측정 과정에 대한 보어의 입장은 '코펜하겐 해석'으로 알려지게 됐다. 보어에 따르면 측정하지 않는다면 실체는 없는 것이나 마찬가지다. 다시 말해 물리세계에

그들의 만남은 운명?

보어와 아인슈타인은 양자역학 논쟁에서는 최고의 라이벌이었지만 양자역학의 발전을 이끈 선후배 사이기도 하다. 보어와 아인슈타인은 1920년 베를린에서 처음 만났다. 하지만 마치 오래전부터 알던 사람들처럼 양자역학에 대한 얘기를 나눴다고 한다. 둘은 노벨 물리학상을 같은 날 수상한 인연도 있다. 1922년 보어는 원자 구조에 관한 연구로 노벨 물리학상을 수상했다. 같은 날 아인슈타인도 함께 노벨 물리학상을 받았다. 원래 아인슈타인은 1905년 발표한 광양자 가설 논문으로 1921년 노벨 물리학상 수상자로 선정됐지만, 아인슈타인에 대한 시상식이 1년 늦춰지면서 이듬해 보어와 함께 받게 된 것이다. 이러고 보면 '적과의 동침'보다는 '선의의 경쟁자'란 표현이 더 잘 어울린다.

존재하는 것을 측정하는 방법에 달려 있다. 보통은 이런 방식으로 자연을 생각하지 않는다. 우리가 세계를 측정하든지 그렇지 않든지 상관없이 우리 밖에 세계가 존재한다. 하지만 코펜하겐 해석에 따르면 이 설명은 옳지 않다. 아인슈타인이 양자역학에 부정적인 생각을 갖고 있는 이유도 이런 코펜하겐 해석을 받아들일 수 없었기 때문이다. 어떤 관측 결과든 우연의 영향을 받는다니. 또 어떤 물체가 관측되지 않는다는 것은 어느 곳에서도 존재하지 않거나 역으로 모든 곳에 존재한다는 것을 뜻한다. 즉 코펜하겐 해석에 따르면 세상에 확실한 것은 하나도 없게 된다. 전지전능하다는 신도 예외는 아니었다. 그래서 아인슈타인은 양자역학 추종자들에게 "신은 주사위 놀이를 하지 않는다"고 말했던 것이다.

아인슈타인의 '미완성 교향곡'

그렇다면 아인슈타인은 양자역학을 어떻게 해석했던 것일까. 아인슈타인은 양자역학이 놀라울 정도로 정확하게 확률 예측을 한다는 것을 알고 있었다. 하지만 다른 과학자들이 양자역학의 정확성이 현실 자체의 무질서를 의미한다고 믿었던 반면 아인슈타인은 현실이 일정한 원인과 결과의 법칙에 따라 움직이며, 만약 모든 정보를 정확하고 완벽하게 가질 수 있다면 원자의 움직임을 예측할 수 있다고 믿었다. 아인슈타인은 죽음에 가까워서도 우리가 자연을 제대로 알지 못할 뿐이며, 아직 우리가 알지 못하는 별도의 인자들, 즉 숨겨진 변수들이 틀림없이 있을 것이라고 주장했다.

숨겨진 변수란 이런 것이다. 예를 들어 6개 면을 가진 주사위가 구르는 것을 상상해보자. 우리는 이를 확률을 갖고 나타낼 수 있는 무작위의 과정으로 인식한다. 즉 주사위는 육면체이므로 주사위를 던졌을 때 어떤 한 면이 나올 확률은 6분의 1이다. 그러나 우리는 매번 무엇이 나올지 정확히 예측할 수 없다. 주사위에 너무 많은 변수가 작용해 사람들은 주사위를 굴린 결과가 '무작위'라고 생각하는 것이다. 그러나, 만약 누군가가 주사위를 굴릴 때 손에 가하는 정확한 회전, 던질 때의 힘, 테이블의 반작용, 방 안의 기압 등 모든 변수를 알고 있다면 그 사람은 어떤 숫자가 나올지 알 수 있을 것이다.

아인슈타인은 이런 변수들이 우리의 세계를 지배할 수도 있으며 그 변수들을 찾아야 한다고 믿었다. 이 때문에 아인슈타인의 유명한 "신은 주사위 놀이를 하지 않는다"는 표현이 등장한 것이다. 그는 이 표현을 즐겨 사용했다. 모든 현상을 알 수 있는 신이나 초인은 주사위를 던질 때마다 어떤 숫자가 나올지 알 수 있으며 입자가 어떻게 움직일지도 정확히 알 수 있다. 무질서는 없는 것이다.

양자역학에 유보적인 입장을 가진 사람은 비단 아인슈타인뿐만이 아니었다. 1920년대 하이젠베르크와 함께 양자역학을 정립한 슈뢰딩거 Erwin Schrödinger, 1887~1961 역시 양자역학의 해석에 관해서는 아인슈타인과 뜻을 같이했다. 한 예로 그는 슈뢰딩거의 고양이라는 사고실험을 통해 원자의 세계는 측정되지 않으면, 측정될 때까지는 아무것도 알 수 없다고 주장하는 새로운 과학을 조롱했다.

고양이를 1분 동안 붕괴될 수 있는 확률이 50퍼센트인 방사성 물질과 함께 밀폐된 상자 안에 넣는 것을 상상해보자. 만약 방사성 물질이 붕괴한다면 고양이를 죽일 독가스가 발생할 것이다.

측정하기 전까지
아무것도 알 수 없는 과학은
과학이 아니지.

따라서 고양이가 죽을 확률은 어느 순간이나 50퍼센트일 것이다. 물론 양자역학에 따르면 우리는 측정해보기 전에는 방사성 물질이 붕괴했는지 안 했는지 알 수 없다. 사실 우리가 기다리는 동안 그 물질은 붕괴되거나 붕괴되지 않은 두 가지 상태에 있다. 누군가 실제로 들여다보고 측정하기 전까지는 이 중 어느 상태라고 말하기 어렵다. 그렇다면 밀폐된 상자 안에 있는 고양이의 상태를 어떻게 해석해야 할까. 만약 방사성 물질이 붕괴되는 동시에 붕괴되지 않는다면, 독가스도 방출되는 동시에 방출되지 않는가? 그렇다면 누군가가 실제로 상자를 열고 안을 들여다보기 전까지는 무엇인지 모를 무정형 상태일까? 슈뢰딩거는 이런 개념의 불합리성을 들어 양자역학이 아직 충분히 완성되지 않았다고 주장했다.

한편 양자역학이 내포한 확률의 의미를 받아들일 수 없었던 아인슈타인은 숨을 거두기 직전까지 통일장이론을 연구했다. 1948년 아인슈타인이 68세의 나이에 펴낸 《일반화된 중력이론 On the Generalized Theory Gravitation》은 바로 힘과 물질을 통합하는 통일장이론에 대한 책이었다. 아인슈타인이 인생의 후반부를 통일장이론 연구에 바친 데는 사실 상대성이론의 성공이 큰 이유로 작용했다.

아인슈타인은 스스로를 "양자론이라는 사악함을 보지 않기 위해 머리를 땅에 박고 있는 타조같이 보일 것"이라고 말한 적이 있을 정도로 양자론을 배척했다. 아인슈타인이 단순히 양자역학을 이해하지 못해 이를 거부하지는 않았을 것이다. 아인슈타인이 양자론을 받아들일 수 없었던 것은 양자론이 논리적으로 상대성이론과 모순이 있었기 때문이다.

1905년 아인슈타인은 광양자 가설을 발표한 지 세 달 만에 특수상대성이론을 발표했다. 여기서 아인슈타인은 시간과 공간을 서로 분리되지 않은 '시공연속체'로 인식했다. 오늘날 우리가 3차원의 공간 세계에 시간의 1차원을 더해서 4차원의 시공간에 살고 있다고 말하는 것이 바로 그것이다.

상대성이론에 따르면 우리가 살고 있는 시공간은 매우 부드럽고 평온한 공간이다. 상대성이론은 일상 세계와 우주 등 거시 세계를 너무나 잘 설명했다. 그러나 양자론에 따르면 미시 세계, 즉 원자나 전자의 세계는 용암이 부글부글 끓듯 급격하게 요동치는 거친 공간이다. 상대성이론은 이러한 미시 세계와 잘 맞지 않았다. 아인슈타인은 이 모순을 해결하기 위해 양자역학의 세계를 상대성이론의 틀로 설명하는 통일장이론에 도전했던 것이다. 통일장이론은 힘과 물질을 모두 통합하려는 것이었다.

아인슈타인은 힘은 '장field'으로 나타나고 물질은 강한 장이 몰려 있는 곳이라고 생각했다. 아인슈타인은 상대성이론의 도구였던 미분기하학을 이용해 30년 동안 통일장이론을 완성하는 데 매달렸다. 통일장이론의 핵심 과제는 무엇보다도 상대성이론의 중력을 양자역학의 세계에 적용하는 것이었다. 아인슈타인은 숨을 거두기 직전까지 통일장 연구에 매달렸지만 끝내 성공하지 못했다.

1879년	독일 울름에서 출생(3월 14일)
1902년	스위스 특허국에 취직
1905년	광전 효과, 브라운 운동, 특수상대성이론에 관한 논문을 《물리학 연보》에 발표
1914년	카이저빌헬름연구소 연구원으로 발탁
1916년	〈일반상대성이론의 기초〉를 발표
1918년	통일장이론 연구 시작
1921년	노벨 물리학상 수상
1933년	나치 피해 망명, 미국 프린스턴 고등과학연구소에 초빙
1955년	사망(4월 18일)

아인슈타인은 1879년 독일 울름에서 맏이로 태어났다. 1880년 가족과 함께 뮌헨으로 이사했고, 이듬해 여동생 마리아가 태어났다. 1885년 6살이 된 아인슈타인은 바이올린 교습을 받기 시작했다. 처음에는 바이올린을 싫어해 억지로 배웠지만 점점 바이올린에 빠지게 된다.

아인슈타인은 파이프 담배처럼 바이올린을 항상 끼고 살 정도로 바이올린에 '중독'됐다. 여동생인 마리아는 그의 바이올린 연주를 매우 즐겼다고 한다. 밤마다 마리아는 피아니스트인 어머니와 오빠의 이중주를 감상했다. 아인슈타인은 바이올린을 연주하다가 느닷없이 "그래, 바로 이거야"라며 문제를 푼 적도 있다고 한다. 그가 훌륭한 바이올린 연주자였는지는 논란거리지만, 후에 인도주의적 사업을 돕기 위해 미국 뉴욕의 카네기홀에서 콘서트를 갖기까지 했다.

1888년 아인슈타인은 루이폴트 김나지움에 입학했다. 이때 그는 막스 탈무트라는 의대생과 친구가 된다. 그는 아인슈타인에게 과학에 관한 많은 책을 소개했다. 1894년 가족들은 모두 이탈리아 밀라노로 이사를 갔지만 아인슈타인은 학업을 끝마치기 위해 혼자 뮌헨에 남았다.

하지만 결국 외로움을 견디지 못하고 학교를 중퇴한 채 가족이 있는 밀라노로 갔다. 1895년 아인슈타인은 스위스 연방공대에 들어가기 위해 자격시험을 치렀다. 하지만 과학과 수학 관련 과목을 제외하고는 통과하지 못했다. 시험을 다시 치르기 전에 고등학교 과정을 공부하기 위해 아라우로 간 아인슈타인은 이듬해 가을 마침내 스위스 연방공대에 입학해 물리학을 공부하기 시작했다. 그리고 훗날 그의 첫 번째 아내가 될 밀레바 마리치[Mileva Maric, 1875~1948]를 만났다.

1900년 대학을 졸업했지만 아인슈타인은 일자리를 구하지 못했다. 가정교사 생활로 겨우 연명하던 중 1902년 스위스 특허국에 취직하면서 아인슈타인은 독일 국적을 버리고 스위스 국적을 얻었다.

그 무렵 대학 시절 만난 연인인 밀레바와 결혼했다. 아인슈타인의 어머니는 처음부터 밀레바를 탐탁지 않아 했다. 밀레바가 나이가 너무 많고, 여성적이지 못하며, 건강하지도 않아 며느릿감으로 실격이라고 생각해 둘의 결혼을 반대했다. 어머니의 반대에도 불구하고 둘은 결혼했고, 그후 한스와 에두아르트 두 아들을 뒀다.

하지만 결혼 생활은 순탄치 못했다. 둘째 아들 에두아르트는 정신분열증에 걸렸고 밀레바와 시어머니의 갈등도 전혀 나아지지 않았다. 시간이 갈수록 아인슈타인과 밀레바는 사이가 멀어졌고 아인슈타인이 일약 세계적 스타가 되던 해인 1919년에 이혼했다. 두 아들은 밀레바가 키우게 됐고, 아인슈타인은 딸 둘을 둔 육촌 누이 엘자와 곧바로 결혼했다. 1921년 아인슈타인은 노벨상을 타자 상금 일부를 밀레바에게 이혼 위자료로 줬다.

아인슈타인은 연구에 매진하는 한편 평화주의자로도 많은 활동을 벌였다. 제1차 세계대전이 끝난 직후인 1919년 영국의 아서 에딩턴[Arthur Eddington, 1882~1944]이 일식을 관측하며 아인슈타인의 일반상대성이론을 검증한 일은 세인들의 관심을 끌었다. 영국 천문학자가 독일 학자의 이론을 증명했다는 사실 때문이었다. 세계 평화를 지지하는 언론에서는 이 사건을 되찾은 평화의 한 상징으로 소개했다. 에딩턴도 아인슈타인에게 "이 사건은 과학 부문에서 영국과 독일의 유대관계를 개선하는 데 크게 기여할 것으로 믿는다"고 고백하기도 했다.

1933년 히틀러가 권력을 장악한 후 유대인 학자들은 급속히 대학에서 쫓겨났고, 아인슈타인의 이름을 언급하는 일조차 금기시됐다. 이런 분위기에서 아인슈타인은 프러시아 과학아카데미에 사직서를 보내고 독일을 떠나 미국으로 이주했다.

아인슈타인은 미국으로 이주한 이후에도 정치적 목소리를 내는데 주저하지 않았다. 1939년 8월 2일 루스벨트[Franklin Roosevelt, 재임 1933~1945] 대통령에게 보낸 서한은 특히 유명하다. 무고한 희생을 줄이기 위해 미국이 독일보다 먼저 핵폭탄 제조 계획에 착수해야 한다고 역설하는 내용이었다. 아인슈타인은 1945년부터 임종할 때까지 '핵 관련 지식인 비상대책회의'의 버팀목 역할을 했다. 또 당시 만연했던 '매카시즘'에 대한 미국 지식인들의 저항에도 적극 동참했다. 매카시즘은 공화당 상원의원이었던 매카시가 1950년 2월 "국무성 안에는 205명의 공산주의자가 있다"고 폭탄발언하면서 이후 '빨갱이 색출'을 뜻하는 용어가 됐다. 냉전과 중국의 공산화 등으로 미국 내에서는 공산세력의 급격한 팽창에 위협을 느끼는 사람들이 늘어갔고, 20세기 '마녀사냥'이 됐다.

아인슈타인은 변절자로 몰려 사형 선고를 받았던 공산주의자 물리학자 부부 에설과 줄리어스 로젠버그 사건*에 적극 개입했다. 영국의 철학자 버트런드 러셀^{Bertrand Russel, 1872~1970} 과 함께 동료과학자들에게 호소문을 보내기도 했다. 덕분에 아인슈타인은 FBI의 감시하에 들어갔다. FBI는 시간과 돈을 낭비하며 아인슈타인이 '위험한 공산주의자'라는 것을 증명하려고 안간힘을 다했다.

아인슈타인은 1950년 트루먼 대통령^{Harry Truman, 재임 1945~1953} 이 수소폭탄 개발을 결정했을 때에도 이 계획에 대해 강하게 반대했으며, 죽는 순간까지 세계 평화를 위해서 많은 노력을 기울였다. 핵무기 개발을 반대하는 데 서명한 편지를 버틀런드 러셀에게 보낸 1주일 뒤인 1955년 4월 18일 오전 1시 15분 아인슈타인은 프린스턴에서 세상을 떠났다.

20세기에 가장 유명한 과학자로 알려진 알베르트 아인슈타인. 그는 세기의 천재 물리학자로 알려졌지만, 죽기 몇 년 전 기회가 주어진다면 모든 것을 다시 도전해볼 것인지 묻는 질문에 "아니요, 나는 배관공이 될 겁니다"라고 대답했다고 한다. 그가 물리학자로 진정 행복했는지는 아인슈타인만이 알고 있지 않을까?

🔬 **로젠버그 사건**

미국인 로젠버그 부부는 원자폭탄 제조기술을 훔쳐 소련에 넘겼다는 이유로 1951년 4월 5일 사형판결을 받았다. 부부는 무죄를 주장했고, 각계각층의 인사들이 구명운동을 벌였다. 하지만 1953년 처형되고 만다. 미국에서 평시 간첩죄로 사형이 집행된 최초의 사건.

양자혁명이 시작되다

　양자론에 관해서만큼은 아인슈타인의 영원한 '적수'였던 보어. 하지만 두 사람은 알고 보면 양자역학 발전에 기여한 선후배 사이였다. 아인슈타인이 광양자 가설을 제시하며 먼저 양자역학의 포문을 열었다면 보어는 1913년 플랑크의 양자 불연속 개념이 담고 있는 폭넓은 의미를 이용해 원자 모형을 제안했다. 그리고 보어의 원자 모형 연구는 결국 1920년대 말 양자역학이 정립되는 데 결정적인 역할을 했다. 보어는 플랑크, 아인슈타인의 계보를 이었던 것이다.

　또한 보어는 양자역학이 의미하는 바를 검토해 '코펜하겐 해석'을 탄생시키며 양자론의 대부로 떠올랐다. 양자론에 있어서만큼은 보어가 아인슈타인보다 더 유명한 스타였던 것이다.

**백설기에서
행성 궤도까지**

원자는 육안으로 볼 수 없다. 눈으로
볼 수 없기 때문에 과학자들은 모형
을 만든다. 눈으로 볼 수 있고 구체적으로 다루기 쉬운 원자 모
형을 만들어 그 성질을 설명하는 것이다. 최초로 원자모형을 논
한 사람은 그리스의 데모크리토스였다. 하지만 근대적인 의미에
서 원자의 구조를 최초로 이야기한 사람은 영국의 존 돌턴[John
Dalton, 1766~1844]이었다. 돌턴은 원자를 "더 이상 쪼갤 수 없는 물질
의 기본 입자"라고 정의했다. 돌턴이 제시한 원자모형은 쇠구슬
처럼 생긴 쪼개지지 않는 단단한 입자였다.

그러나 돌턴의 원자모형은 원자가 핵과 전자로 이뤄져 있다는
사실이 밝혀지면서 톰슨의 전자모형으로 대체됐다. 기압이 아주
낮은 유리관 끝에 있는 두 개의 판 사이에 높은 전압을 걸어 방
전시키면 음극에서 무엇인가가 튀어나와 양극 쪽으로 간다. 처
음에는 이를 음극선이라고 불렀다. 그런데 그 성질을 조사하니
이 물질이 질량을 가진 대전입자라는 사실이 밝혀졌다. 그 후 이
음극선은 전자라는 이름이 붙었다. 1897년 조지프 톰슨[Joseph
Thomson, 1856~1940]이 드디어 전자를 발견한 것이다.

톰슨은 전자가 물질로부터 방출되는 것이므로 원자 내에 존재
한다고 생각했다. 톰슨이 생각해낸 원자모형은 백설기 형태. 원
자 내에 전자가 콩이나 건포도처럼 군데군데 박혀 있을 것이라
고 생각한 것이다. 또 원자는 전기적으로 중성이므로 백설기의

흰 떡 부분은 양전기를 띠고 있어야 한다. 그래서 톰슨의 원자 모형은 양전하 구름 속에 전자가 박혀 있는 모습이었다.

톰슨의 백설기 원자 모형은 영국의 어니스트 러더퍼드^{Ernest Rutherford, 1871~1937}의 α입자 산란 실험으로 인해 다른 원자 모형으로 교체됐다. 러더퍼드는 라듐이나 폴로늄과 같은 방사성 물질에서 방출되는 α입자를 얇은 금박에 입사시켰다. 톰슨의 모형대로라면 α입자가 나아가는 것을 방해하는 입자가 없기 때문에 모든 α 입자가 거의 휘어지지 않고 나아가야 한다. 그러나 러더퍼드의 실험 결과에 의하면 대부분의 α입자는 거의 휘어지지 않고 나아가지만 몇 개는 큰 각으로 휘어지며 심지어는 반대쪽으로 되돌아가는 것도 발견됐다. 그래서 톰슨은 원자 질량과 양전하의 대부분이 어느 한 점에 모여 있는 모형을 생각했다. 이 모형은 양전하를 띤 핵 주위를 전자가 도는, 마치 태양계와 같은 모양이기 때문에 '행성 모형'이라고도 한다.

이렇게 해서 물리학자들은 원자가 건포도 같은 전자들이 여기저기 박혀 있는 모형이라는 톰슨의 이론을 포기하고, 대신 전자가 작은 핵 주위를 궤도를 그리며 도는 러더퍼드의 모형을 받아들였다. 이러한 러더퍼드의 원자모형은 거의 완벽해 보였다.

보어 역시 원자 구조에 관심이 많았다. 보어는 톰슨이 전자를 발견하자 전자에 관심을 갖고 전자 이론에 관한 논문으로 박사 학위를 받았다. 그리고 영국에서 러더퍼드와 함께 연구하던 보어는 1913년 〈원자 및 분자들의 구성에 관해서^{On the Constitution of Atoms}

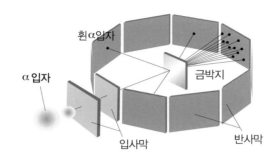

α입자
흰α입자
금박지
입사막
반사막

이 실험을 통해 전자가 핵 주위를 돌고 있다는 행성 모델이 받아들여진다.

and Molecules〉 등 원자구조를 다룬 세 편의 논문을 출간했다. 그 논문들은 물리학의 진로를 바꿔놓았다.

러더퍼드의 원자 모형은 중요한 문제들을 해결해줬지만 여전히 결정적인 문제를 해결하지는 못했다. 전자가 지구처럼 원운동을 하는 경우, 전자기파를 주위에 방출하면서 수천만 분의 1초 이내에 전자가 에너지를 잃고 원자핵에 사로잡혀, 결국 원자로서의 수명을 다한다. 이것은 전자가 핵 주위를 원운동한다고 할 때 가속도 운동을 하게 되는데, 가속도 운동을 하는 전하는 전자기파를 방출하기 때문이다. 즉 궤도를 도는 전자는 분명 핵으로 끌려들어 가면서도 끝내 핵에 흡수되지는 않는 것이었다. 러더퍼드의 모형으로는 이런 원자의 안전성이 설명되지 않았다.

또 러더퍼드의 원자모형으로는 원자에서 방출되는 빛의 선스펙트럼을 설명할 수 없었다. 가열된 기체에서 방출되는 빛은 어느 특정 파장의 빛만 갖고 있기 때문에 분광기로 보면 선스펙트럼으로 보인다. 러더퍼드의 모형으로는 왜 특정 파장의 빛만 방출되는지를 설명할 수 없었다.

결국 1913년 보어는 러더퍼드 원자모형의 문제점을 해결해 새로운 원자 모형을 제안했다. 그는 원자를 태양계의 축소 모형으로 상상하는 고전역학 원리를 적용하는 대신 플랑크의 양자 개념을 이용해 원자 내부에서 전자가 양자화된 특정 값을 지닌 궤도상에서만 작용하는 체계로 파악했다. 이를 위해 보어는 원자 모형에 대한 두 가지 가설을 세웠다. 첫째 전자의 궤도는 어떤 특정한 조건을 만족시키는 곳에서만 가능하다. 둘째 전자가 어느 한 궤도에 있을 때는 전자기파를 방출하지 않지만 높은 궤도에 있다가 낮은 궤도로 떨어질 때는 그 에너지 차에 해당하는 빛을 방출한다.

시대에 따른 원자모형의 변화

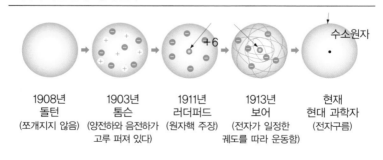

1908년
돌턴
(쪼개지지 않음)

1903년
톰슨
(양전하와 음전하가
고루 퍼져 있다)

1911년
러더퍼드
(원자핵 주장)

1913년
보어
(전자가 일정한
궤도를 따라 운동함)

현재
현대 과학자
(전자구름)

보어는 수소 원자 스펙트럼 실험을 통해 자신의 가설을 뒷받침하는 수소 원자의 전자 배치를 주장했다. 햇빛을 프리즘으로 분산시키면 무지개가 생긴다. 무지개는 빨간색에서 보라색까지 연속적인 색깔의 띠를 나타내는데, 이런 연속적인 무늬를 연속 스펙트럼이라고 한다. 이렇게 다른 색깔의 띠가 나타나는 이유는 햇빛이 다양한 진동수를 가진 빛들의 집합체이기 때문이다. 그런데 수소 기체를 전기 방전시키면 수소 분자가 원자들로 분해되면서 빛을 방출한다. 이 빛을 프리즘으로 분산시키면 몇 개의 선들로 이루어진 선스펙트럼이 얻어진다. 이런 불연속적인 선스펙트럼을 설명하기 위해서는 보어의 주장대로 전자들이 원

원자의 비극

원자가 눈에 보이지 않는다는 것은 과학자들에게 실로 큰 문제였다. 원자의 존재가 증명되지 않았던 19세기 말 맥스웰이 기체 분자들의 속도 분포를 수학적으로 기술하자 볼츠만은 이를 더욱 정교하게 발전시켜 엔트로피 이론을 확립하고 '통계물리학'이라는 새로운 학문을 만들었다. 하지만 원자의 존재가 전혀 증명되지 않았기 때문에 당시 에른스트 마흐 같은 과학자는 "나는 원자의 존재를 믿지 않는다"라며 볼츠만의 강연을 아수라장으로 만들기도 했다. 플랑크 역시 양자 개념을 만들어놓고도 믿지 못했던 데는 흑체복사 문제를 해결하기 위해 원자를 전제로 한 볼츠만 식의 통계물리학 개념이 필요하다는 이유도 있었다. 평생 원자의 존재를 확신했던 볼츠만은 마흐의 이런 비판을 정신적으로 이겨내지 못해 결국 호텔방에서 자살하고 말았다. 1년 전 아인슈타인이 브라운 운동을 통해 원자의 열적 요동을 눈으로 관찰할 수 있도록 해주면서 볼츠만의 손을 들어줬는데도 말이다.

자핵을 중심으로 여러 겹의 원운동을 해야 했다.

그렇다면 현재에도 보어의 원자모형이 그대로 받아들여지고 있을까? 오늘날 원자모형은 보어의 원자모형에 기초를 두고는 있지만 조금 다르다. 보어의 원자모형은 전자가 입자의 성질만 가진다는 가정에서 성립한다. 그런데 현대에 와서 전자의 파동성이 밝혀지면서 전자는 보어가 말한 것처럼 원자핵 주위를 원운동하지는 않는 것으로 밝혀졌다. 이 때문에 원자 내 전자 궤도의 반지름이나 에너지를 어느 하나의 값으로 정할 수는 없고, 다만 그 위치에 있을 확률이 가장 높고 그 에너지를 가질 확률이 가장 높다고 이야기한다. 그래서 원자의 현대적 모형은 양자역학이라는 이론에 토대를 두고 오비탈orbital* 이라는 개념으로 원자모형을 나타낸다.

🎲 오비탈

가장 간단한 수소 원자를 생각해보자. 수소 원자에서 전자들이 존재할 수 있는 각 전자 껍질의 에너지 준위를 계산할 수 있다. 그리고 각 에너지 준위에서 전자가 핵 주위의 어떤 공간을 돌아다니는가를 보여주는 함수를 얻을 수 있다. 이 함수를 바로 오비탈이라고 한다. 즉 오비탈은 전자가 돌아다니는 핵 주위의 공간을 나타내는 함수라고 간주된다. 그렇다고 해서 오비탈이 나타내는 공간적인 구조 안에 항상 전자가 존재한다는 뜻은 아니다. 오비탈은 전자가 존재하는 공간을 표시한 것이 아니라 전자가 발견될 수 있는 확률을 함수로 표시한 것이다. 그래서 함수를 수학적으로 3차원 그래프에 그린다면 전자가 많이 발견되는 곳은 진하게 표시되고 전자가 발견될 확률이 적은 곳은 연하게 표시된다.

어쨌든 보어가 생각하기에는 뉴턴의 고전역학은 원자 수준에서 물질의 운동을 설명할 수 없었고, 결국 그는 양자 개념 쪽으로 눈을 돌려 새로운 원자모형을 제안했다. 이때까지만 하더라도 보어와 아인슈타인은 적이라기보다 동지에 가까웠다.

배타적＝보완적?

1913년 보어가 새로운 원자모형을 발표할 수 있었던 데는 한 동료가 수소의 선스펙트럼에 관한 발머의 공식을 귀띔해준 영향도 있었다. 발머의 공식은 스위스의 물리학자였던 요한 발머 Johann Balmer, 1825~1898가 1885년 수소의 선스펙트럼이 규칙적인 배열을 이루는 것을 보고 하나의 공식으로 정리한 것이다. 보어는 후에 "발머의 공식을 보자마자 모든 것이 내게 분명해졌다"고 회고했다. 그 뒤 한 달도 못 돼 보어는 그의 원자 구조에 관한 첫 논문을 완성했다.

이후 보어는 기간 동안 연구에 집중해 수소 원자가 어떻게 빛을 방출하는지에 관해 실험한 끝에 관찰 결과에 잘 들어맞는 이론을 개발했다. 전자가 궤도를 바꿀 때에만 빛을 방출한다고 가정하면, 양자가 방출되는 것은 한 궤도에서 다른 궤도로 전자가 옮겨가는 것과 일치할 것이다. 아인슈타인은 보어의 결과를 보고는 그 특유의 의미심장한 확신으로 "대단한 업적"이라고 평했다. 보어의 원자모형은 곧 모든 원소의 원자 구조를 새롭게 이해하는 데 이용됐다.

같은 해 보어는 또 하나의 성과를 낸다. X선 스펙트럼을 전자의 양자 도약과 일치시킨 것이다. 그 다음 해에는 보어의 뒤를 이어 영국의 물리학자 헨리 모즐리Henry Moseley, 1887~1915가 주기율표의 정확한 배열을 새로 알아냈다. 모즐리는 원소들을 X선 스펙트럼으로 분석한 결과를 산출하고 그에 따라 각 원소에 원자 번호를 배정했다. 그 뒤 몇 년 동안 보어는 여러 기술적 성과를 얻었다. 보어는 이런 업적을 인정받아 1922년 노벨 물리학상을 수상했다.

그러던 가운데 보어의 원자모형에 심각한 결함이 드러났다. 제1차 양자혁명이라고 불리기까지 한 보어의 원자 모형은 더 복잡한 원자의 운동과 관련된 몇 가지 문제들을 해결하지 못했다. 보어의 이론은 1913년에서 1925년 전후까지 여러 갈래로 발전해갔지만 동시에 심각한 문제들이 쌓여갔다. 결국 이른바 '제2차 양자혁명'이 일어나게 된다.

1920년대 보어는 자신이 제안한 원자 구조의 결함들 때문에 생겨난 물리학의 위기를 해결하는 데 온 힘을 쏟았다. 그는 1916년 코펜하겐 대학으로 돌아와 이론물리학 교수가 됐고, 5년 뒤에는 이론물리학연구소Institute of Theoretical Physics를 여는 데 참여했다. 이렇게 해서 코펜하겐은 보어가 중심이 되어 물리학자들을 끌어들이는 요지가 됐다. 제2차 양자혁명으로 순수하게 수학적인 원자모형이 탄생했다. 이는 사실상 인간이 원자 구성 입자 수준의 사건을 지각하는 데는 한계가 있음을 인정한 것으로 이는 슈뢰딩거의 파동역학, 하이젠베르크의 행렬역학과 불확정성원리 등에서도 잘 나타난다.

보어는 두 가지 원리를 전개함으로써 양자혁명을 성공적으로 이끄는 데 기여했다. 그중 하나가 대응원리$^{Correspondence\ Principle}$다. 대응원리는 보어가 1923년 발표한 것으로 '새로운 이론은 이전의 이론으로 설명이 가능했던 모든 현상을 다시 설명할 수 있어야 한다'는 원리다. 대응원리는 보어가 양자역학의 초기 형태인 그의 원자이론을 전개할 때 지침이 됐다.

 코펜하겐 학파

과학사에는 유명한 소모임이 몇 개 있다. 그중 코펜하겐 학파는 양자역학의 기초를 세운 대표적인 그룹이다. 1917년 보어는 맥주 회사에서 연구 지원금을 받아서 그의 고향인 코펜하겐에 조그만 이론물리학연구소를 열고 젊은이들을 모았다. 이것이 코펜하겐 이론물리학연구소의 시작이었다. 유럽과 미국에서 모여든 젊은이들은 숙식을 함께 하면서 오후에 세미나를 갖고, 저녁엔 코펜하겐의 시내로 나가 탁구를 하고 맥주를 마시면서 놀다가, 밤에 각자 방으로 흩어져 공부하는 일을 계속했다. 이 작은 젊은이들의 세미나가 미시 세계에 대한 양자역학의 기초를 놓았다. 여기서 원자에서 전자의 운동을 행렬을 통해 풀어낸 하이젠베르크의 행렬역학, 파울리의 배타원리, 윌렌베크(George Uhlenbeck, 1900~1988)와 하우트스미트(Samuel Houdsmit, 1902~1978)의 스핀 개념이 나왔다. 20대 중반의 젊은이들이 세상을 뒤집어엎는 이론을 만들어낸 것이다. 1927년 하이젠베르크의 불확정성원리도, 같은 해 양자역학의 철학적 기초를 완성한 보어의 상보성원리도 이 그룹에서의 토론에 근거한 것이었다.

당시 원자물리학은 혼돈상태에 있었다. 실험 결과에 따르면 원자에 대한 새로운 모형이 필요했는데, 여기서는 음의 전하를 가진 전자라고 하는 미세한 입자가 밀도가 매우 크고 양의 전하를 가진 큰 원자핵 주위를 계속 회전해야만 했다. 이것은 그 당시 알려져 있던 고전역학에 위배됐다. 고전역학에 따르면 회전하는 전자는 에너지를 방출하면서 핵 쪽으로 나선을 그리면서 떨어져야만 했다. 그러나 실제로는 에너지를 점차 잃지도 않고 핵과 충돌하지도 않는다.

새로운 물리학 이론은 필요하고 그렇다고 기존 물리학 이론을 완전히 부정할 수는 없는 상황이 발생했다. 보어는 이런 고민을

파울리의 배타원리

보어가 상보성원리를 제창했다면 오스트리아의 물리학자 볼프강 파울리(Wolfgang Pauli, 1900~1958)는 배타원리(exclusion principle)를 발표했다. 파울리는 보어로부터 많은 영향을 받았지만 대응원리와 같은 몇몇 부분에 대해서는 강력하게 비판을 했다. 무엇보다도 파울리는 당시 양자론을 구성하고 있던 많은 개념들이 여전히 기존의 고전역학에서 사용하는 개념을 포함하고 있는 것이 큰 불만이었다. 그는 보어의 대응원리에 대해서도 깊은 회의를 나타냈다. 대응원리 자체는 유용했지만 여전히 기존의 고전역학에 의존하고 있었기 때문이다. 양자역학이라는 새로운 물리학을 정립하기 위해서는 모든 개념도 새롭게 정립해야 한다는 것이 파울리의 생각이었다. 파울리는 이런 완벽주의 성향으로 인해 '물리학의 양심'이라고 불리기도 한다. 결국 그는 1925년 원자 내에 있는 각 전자는 동일한 양자 상태에 있을 수 없다는 배타원리를 발표했고, 이는 원자의 전자 껍질 구조 개념을 확립하면서 당시 원자 구조를 설명하는 데 큰 역할을 했다.

해결하는 과정에서 원자 자체를 연구하기 전에는 이전의 고전 물리학으로 여러 현상을 잘 설명할 수 있었다는 사실에 주목했다. 보어는 새 이론이 원자의 물리 현상을 보다 정밀하게 설명해야 할 뿐 아니라 통상적인 현상에도 적용돼야 하며 마찬가지로 이전의 물리학 이론도 설명할 수 있어야 한다고 주장했다. 이것이 대응원리인 것이다.

대응원리는 양자이론 이외의 다른 이론에도 적용된다. 예를 들어 초고속으로 운동하는 물체의 운동을 기술하기 위한 상대성이론의 수학적 체계는 저속에서도 마찬가지로 올바른 결과를 준다. 결국 보어는 대응원리를 통해 고전역학과 양자역학 사이의 소통 가능성을 보여줌으로써 당시 많은 과학자들이 대응원리를 이용해서 그때까지는 설명할 수 없었던 새로운 양자 현상을 설명하는 데 이용하도록 했고, 이로부터 양자혁명을 이끌었던 것이다.

보어는 1927년에 양자이론의 철학적 기초라는 제목의 잘 알려진 강의에서 처음으로 상보성원리^{principle of complementarity}라는 개념도 발표했다. 상보성원리란 원자 구성 입자의 세계를 파동 또는 입자라는 전혀 다른 배타적인 모델로 측정할 수 있지만 원자 구성 입자의 현상들을 완전히 기술해내는 데에는 그 두 모델 모두가 반드시 필요하다는 견해다.

하이젠베르크의 불확정성원리는 보어의 상보성원리로 환원될 수 있으며, 상보성이란 모든 삶과 학문에서 중요한 철학적 개념이다. 다시 말하면 상보성이란 모든 현상에는 양면성이 있어서

우리가 한 면을 관찰하고 있으면, 동시에 다른 한 면을 관찰하기가 어렵다는 것이다. 즉 이는 나무와 숲을 동시에 보기란 극히 어렵다는 말과 같다. 이 상보성원리는 우리가 다루는 모든 삶의 문제에 있어 흔히 범할 수 있는 오류에 대한 경고이기도 하다.

예컨대 일반적으로 남녀가 사랑에 빠져 있을 때는 자신의 애인이 누구보다도 아름답거나 잘생겨 보이기 마련인데 이것이 바로 상보성원리다. 우리가 길을 가다 어떤 것에 주목하게 되면 다른 모든 것이 보이지 않는 경우도 그렇다. 또한 10명의 관찰자가 각기 다른 위치에서 코끼리를 관찰한 결과를 말할 때 그들 각자가 본 것은 개별적인 위치에서는 옳지만 전체적으로 보면 그렇지 않게 된다. 이러한 현상들은 바로 부분적으로는 옳지만 전체적으로는 그렇지 않다는 아이러니를 보여준다.

따라서 상보성원리와 불확정성원리는 세상의 모든 현상에 대해 확정적인 결론을 내린다는 것이 얼마나 어려운지를 시사해준다. 우리 눈에 보이는 빛은 입자이며 동시에 파동이다. 그러나 사실 빛이 파동이냐 아니면 입자냐 하는 문제는 우리가 사용하는 관찰 장비나 세상을 바라보는 우리 자신의 마음의 문제라 할 수 있다. 그래서 미국의 물리학자인 프레드 울프Fred Wolf, 1934~는 "과학은 물질에서 마음으로 가고 있다"고 말하지 않았던가.

너는 보어 편이야?

새로운 양자역학은 수학적 계산 구조 이상의 것을 요구했다. 물리적으로도 새로운 해석이 필요했다. 과학자들을 괴롭혀오던 빛의 파동─입자 이중성을 새로운 양자역학으로 해석해야 했던 것이다. 단일 슬릿*과 이중 슬릿을 갖고 실험을 한다고 하자. 대부분의

🔬 슬릿

광속의 단면을 적당하게 제한하여 통과시킬 목적의 좁은 틈새. 분광기 등의 광학 측정기에 주로 사용되며, 보통 2개의 금속제 칼날을 마주보게 하여 빛이 통하는 좁은 틈을 낸 것. 한쪽 또는 양쪽 날을 나사로 돌려 통하는 빛의 너비를 조절할 수 있게 되어 있다.

광자(빛을 입자로 볼 때)는 입자인 것처럼 슬릿을 무난히 통과할 것이다. 만일 뒤에 스크린을 설치하면 중앙에 가장 밝은 무늬가 하나 나타나고 이를 중심으로 좌우 대칭인 패턴도 볼 수 있다. 이번엔 이중 슬릿을 통해 빛을 비춘다고 하자. 그러면 단일 슬릿과 달리 스크린에는 검고 밝은 지역이 여러 군데 나타난다. 이것이 18세기 토머스 영이 발견한 '간섭 효과'다. 그런데 좀 이상하지 않은가? 단일 슬릿을 통과한 광자가 스크린에 무늬를 하나 만들었다면 이중 슬릿을 통과한 뒤에는 스크린에 무늬를 두 개 만들어야 하지 않을까?

그렇다면 이렇게 생각해보자. 광자가 하나씩 이중 슬릿을 통과하도록 광선의 세기를 낮추자. 편의상 슬릿을 A, B라 두자. 광자 하나는 A나 B를 통과해야 한다. 만일 광자 하나를 A와 B에 한번씩 통과시킨다면 스크린에는 마치 단일 슬릿을 통과한 것처럼 밝

🐱 빛은 요일마다 달라진다?

1920년대 물리학자들은 빛이 입자이자 파동임을 인정했다. 입자이론으로는 반사와 굴절 같은 빛의 본성을 정확히 설명했고, 보이지 않는 에테르 같은 문제가 해결됐다. 반면 파동이론으로는 두 줄기의 빛이 서로 교차할 때 발생하는 간섭현상을 설명할 수 있었다. 슈뢰딩거는 입자 자체가 아주 작은 파동이 모인 것이라고 생각했고, 막스 보른은 입자는 존재하지만 이 입자가 파동과 같은 방식으로 움직인다고 생각했다. 그래서 어떤 과학자는 "월, 수, 금요일에는 입자이론을 이용하고, 나머지 날에는 파동이론을 이용합시다"라고 우스갯소리를 했다고 한다.

은 선이 하나만 생길 것이다. 마찬가지로 광자 하나가 한 번에 하나씩 이중 슬릿을 통과한다고 하면 광자는 입자이므로 A나 B 중 슬릿 하나만 통과할 것이다.

그런데 여기서 문제가 생긴다. 앞에서와 같은 무늬를 만들기 위해서는 A를 통과한 광자가 B가 열려 있는지 닫혀 있는지 알아야 한다. 만약 슬릿이 열려 있다면 광자는 이 슬릿을 통과해 스크린의 특정 지점에 도착하겠지만, 슬릿이 닫혀 있다면 그렇게 할 수 없다. 광자는 슬릿 B가 열려 있는지 닫혀 있는지 어떻게 알 수 있을까? 여기에 상보성원리를 이용하면 쉽게 설명할 수 있다. 광자는 입자이자 파동이고, 파동은 퍼져나갈 수 있다. 파동이 퍼져나가면서 두 번째 슬릿을 감지해 어디로 가야할지 결정하는 것이다. 이로 인해 1920년대에는 대부분의 물리학자들이 빛이 파동이자 입자로 움직이는 데 동의했다.

물론 광자가 어느 슬릿을 통과했는지, 광자가 실제로 두 번째 슬릿을 통과했는지 알아보고 싶다면 슬릿 근처에 탐지 장치를 설치하면 된다. 하지만 그 경우 탐지 장치는 광자를 교란시켜 불확정성원리가 적용된다. 아인슈타인을 괴롭혔던 것도 바로 이런 특성이었다. 결국 아인슈타인은 상보성원리를 받아들이지 못하고 통계적 해석(또는 앙상블 해석)이라는 것을 제안했다. 슈뢰딩거의 고양이 문제를 생각하면 아인슈타인의 관점에서는 매우 많은 수의 고양이 상자를 생각하고, 고양이가 살아 있을 확률과 죽어 있을 확률이 각각 2분의 1이라는 것은 상자들 중에서

절반 정도에서는 고양이가 죽어 있고, 절반 정도에서는 살아 있으리라는 것을 말한다.

비록 아인슈타인은 보어의 양자역학 해석에 완전히 동의할 수 없었지만 그렇다고 두 사람이 원수처럼 지낸 것은 아니었다. 둘은 항상 서로를 존경했고 배려했다. 아인슈타인은 보어를 처음 만난 후 얼마 뒤 그에게 편지를 보내 "단지 곁에 있다는 사실만으로 그토록 큰 기쁨을 주는 사람을 만나기란 흔치 않은 일입니다"라고 썼다. 이에 대해 보어는 아인슈타인에게 "박사님을 만나 얘기를 나눈 것은 제 인생에서 가장 중요한 경험 중 하나였습니다"라고 답장을 보냈다. 특히 아인슈타인은 보어와 격렬한 양자역학 논쟁을 벌였음에도 불구하고 몇십 년 뒤인 1954년 보어에 관한 글을 쓰면서 "그는 끊임없이 진리를 찾아다니는 사람처럼 자신의 의견을 말했으며, 자기가 현재 믿는 것이 항상 옳다고 믿는 사람은 결코 아니었다"고 표현했다.

당대 과학자들은 두 사람 중 누구의 편을 들었을까. 아인슈타인과 보어는 당시 가장 위대한 과학자였기 때문에 아마 다른 과학자들은 어느 한쪽의 편을 들기가 어려웠을 것이다. 아인슈타인의 전기를 쓴 에이브러햄 파이스Abraham Pais, 1918~2000는 보어와 아인슈타인의 논쟁을 옆에서 지켜보던 파울 에렌페스트Paul Ehrenfest, 1880~1933가 둘 사이에서 결정을 해야 했을 때 얼마나 괴로워했는지 모른다고 말했다. 결국 보어를 선택했지만 말이다.

1885년	덴마크에서 출생(10월 7일)
1913년	보어의 원자 모형 발표
1921년	코펜하겐 대학 이론물리학연구소 소장 취임
1922년	노벨 물리학상 수상
1923년	대응원리 발표
1927년	상보성원리 발표
1962년	사망(11월 18일)

보어는 1885년 코펜하겐대학 생리학 교수의 아들로 태어났다. 아버지 크리스티안 보어는 자신의 전문분야에 전적으로 몰두하려는 사람은 아니어서 보어의 집은 철학에서부터 물리학에 이르기까지 다양한 전공을 가진 방문객들이 늘 줄을 이었다. 어린 소년일 때부터 닐스는 그들의 토의를 경청하곤 했다.

보어 집안의 이런 분위기 덕에 그는 세상사에 대해 굉장히 많은 것을 배웠을 뿐만 아니라 훗날 그가 신학과 과학, 정치와 경제에 이르기까지 다양한 분야로 흥미를 발전시키는 데 큰 역할을 했다. 특히 프랑크가 양자론을 발표하고 퀴리 부부와 러더퍼드가 방사능에 대한 연구를 하던 당시 물리학계 분위기도 파악할 수 있었다.

어린 시절 보어는 나중에 유명한 수학자가 된 그의 동생 하랄 보어 Harald Bohr, 1887~1951와 함께 대부분의 시간을 자전거나 스키를 타거나 축구를 했다. 둘 모두 밖에서 노는 것을 즐겼을 뿐 아니라 공부에도 매진해 과학과 수학에 깊은 흥미를 길러나갔다.

보어는 1903년 코펜하겐대학에 들어가 물리학을 전공했는데, 그때 이미 플랑크나 아인슈타인의 연구 못지않게 혁명적인 원자 내부의 모형을 제안할 수 있을 정도로 지적 능력이 뛰어났다. 학부생 자격으로 물의 표면장력을 측정하는 연구를 발표해 1906년 덴마크 학술원으로부터 금메달을 받기도 했다.

1911년 박사학위를 받은 뒤 그는 캐번디시 연구소에서 톰슨과 원자를 연구하기 위해 케임브리지대학으로 갔다. 그런데 불행히도 톰슨이 원자 연구에 흥미를 잃어 보어의 박사학위 논문을 보고도 별 감흥을 얻지 못했다. 게다가 케임브리지대학은 보어의 논문이 너무 길어 인쇄하는 데 돈이 많이 든다는 이유로 출판을 거절했다.

이후 보어는 원자론에 관심이 있는 러더퍼드를 찾아갔다. 당시 러더퍼드는 원자가 양전하를 띤 원자핵으로 구성돼 있다는 원자 모형을 제시한 터라 보어의 연구에 호의적이었다. 보어는 러더퍼드와 함께 맨체스터 연구소에서 1년 7개월가량을 연구한 끝에 오늘날 보어의 원자 모형으로 알려진 연구의 기초를 다질 수 있었다.

당시 보어의 연구 내용은 러더퍼드의 원자 모형이 갖고 있는 한계를 극복하는 것이었다. 일반적으로 움직이는 전자는 에너지를 방출해야 하는데, 러더퍼드의 원자에서는 원자핵 주위를 회전하는 전자가 에너지를 방출하지 않았고, 이로 인해 전자가 핵으로 끌려가지 않았다. 보어는 이점에 의문을 품고 그 대답으로 플랑크가 제안한 양자론을 고려하게 됐다.

결국 1913년 보어는 러더퍼드가 만든 원자 모형에 에너지가 불연속적인 형태(양자)로 이동한다는 생각을 덧붙여 그의 원자 모형을 만들었다. 이를 시작으로 보어는 원자의 움직임을 이해하는 연구에 평생을 바쳤다. 1916년 보어는 코펜하겐대학 교수가 됐고, 대학은 그를 위해 이론물리학 연구소를 열어주었다. 보어의 이론물리학 연구소는 당시 양자론 연구의 메카로 떠올랐고, 이후 원자물리학의 발전에 큰 역할을 했다.

또한 보어는 평화주의자로도 활동했다. 보어는 어머니 쪽으로 유대교를 믿는 친척들이 있었다. 그래서 나치가 덴마크를 점령하자 생활이 어려워졌다. 그는 1934년 영국으로 건너가 핵폭탄을 제조하는 연구를 시작했다. 나치의 추적을 피해 덴마크를 떠날 당시 보어는 막스 폰 라우에 Max Von Laue, 1879~1960 와 제임스 프랑크 James Frank, 1882~1964 가 맡겨둔 노벨상의 금메달들을 산에 녹여 그의 연구실 선반 위에 놓아뒀다고 한다. 전쟁이 끝난 후 그가 다시 코펜하겐에 돌아왔을 때 보어는 산 용액의 금을 침전시켜 다시 금메달로 만들었다는 일화가 있다.

1930년대 핵물리학 분야에도 기여했는데, 특히 그의 원자핵 관념은 다양한 핵 현상을 이해할 수 있도록 하는 데 중요한 역할을 했다. 보어가 영국으로 건너간 몇 달 뒤 영국의 연구팀이 미국으로 건너가면서 보어도 함께 로스앨라모스로 가서 핵폭탄 연구를 계속했다. 그는 핵무기를 통제하기 위해서 적극적으로 활동했다. 흥미롭게도 나치를 피해 미국으로 망명하여 원자폭탄 제조에 관여했고, 이후 평화활동에 참여했다는 점에서 보어는 아인슈타인과 같은 행로를 걸었다고 할 수 있다.

1950년 그는 유엔에 편지를 보내 "만약 엄청난 재앙을 가져올 이 무서운 군비 경쟁을 막고, 그 강력한 물질의 제조와 사용을 국제적으로 통제하는 조치가 적절한 시기에 취해지지 않으면 인류는 전대미문의 참화에 직면하게 될 것이다"고 경고했다. 또한 5년 후 제네바에서 열린 '제1차 원자 에너지의 평화적 이용에 관한 국제회의'에서 그는 핵무기 통제를 위해 국제적으로 노력할 것을 장려했다. 이로써 그는 1957년 미국원자평화상 첫 번째 수상자가 됐다.

불확실성의 시대

　한 경제지를 보다가 이런 구절이 눈에 들어왔다. '부자가 되고, 가난해지는 것은 사주팔자에 미리 정해져 있을까? 500원만 내면 내일의 주가를 알려준다는 자칭 '차트도사'들의 예언은 믿을 만할까? 신문 방송에 나오는 부동산 주식 전문가들의 예측은 믿을 만할까?'(머니투데이 2005년 4월 4일) 그 기사의 필자는 나름대로 신중하게 많은 예측과 전망을 한 전문가라고 할지라도 현실이 실제로 그렇게 진행되지 않음을 통감할 것이라고 말했다. 그리고 이런 질문을 던진다. "정말로 미래는 현재 시점에서 이미 결정돼 있는 것일까?"

　이 질문에 답변할 사람으로 필자가 추천한 이는 경제학자가 아니다. 과학자인 하이젠베르크다. 그의 식대로 해석하면 하이젠베르크는 주식 투자해서 돈 좀 벌어보겠노라는 사람에게 이렇게 충고할 것이다. "투자는 고전역학적이 아니라 양자역학적으로 하시오"라고. 그렇다면 고전역학과 양자역학은 어떻게 다를까.

라플라스의 악마는 없다

"진정한 미래는 원자물리학에 있다."

파울리는 하이젠베르크에게 이렇게 말하며 아인슈타인의 상대성이론을 주제로 학위논문을 쓰고 싶어 했던 하이젠베르크의 생각을 말렸다. 당시 파울리는 상대성이론에 관한 첫 논문을 쓰고 있었는데, 파울리가 보기에 상대성이론은 너무 잘 알려진 분야였기 때문이다. 파울리의 만류로 원자물리로 관심을 돌린 하이젠베르크는 보어의 원자모델에 주목했다. 보어의 원자모델은 훌륭했지만 한계가 있었다. 보어의 원자모델로는 하나의 에너지 준위^{상태}에서 다른 하나의 에너지 준위로 갈 때만 빛이 방출되는 과정을 설명할 수 있을 뿐, 하나의 에너지 준위에서 여러 개의 에너지 준위로 넘어가는 현상을 동시에 설명할 수는 없었다. 즉, 보어의 원자 모델이 수소원자의 선 스펙트럼 설명에는 적합했지만 전자가 2개 이상인 다전자원자를 설명하기엔 부족했다. 특히 관찰될 수 없는 보어의 원자 궤도는 하이젠베르크에게 추상적으로 들렸다.

1925년 하이젠베르크는 한 세미나에서 중요한 논문을 발표했다. 여기에 담긴 논의가 나중에 '행렬역학'으로 불리게 된다. 하이젠베르크는 기존의 원자 구조를 설명하는 방식을 대폭 수정했다. 전자가 원자에서 어떤 특정한 점이나 특정한 궤도에 존재한다고 가정하는 대신 점으로 주어졌던 위치는 전자가 보어의 원자궤도에 퍼져 있음을 묘사하는 수들의 배열로 바뀌었다. 이렇게 수들을 배열한 것이 행렬이다. 하이젠베르크는 전자의 위치를 수로 나타내는 양이 아니라 행렬로 나타냈던 것이다. 이는 원자 내부에 있는 전자들의 세계를 수학적으로 그려낸 최초의 수학 공식이었다.

행렬역학을 간단히 설명하면 이렇다. 두 행렬을 곱할 때는 곱하는 순서에 따라 그 곱한 값이 달라지기 때문에 행렬역학에서는 일종의 교환관계가 성립하지 않는다. 예를 들어 전자의 위치

🎲 **행렬역학과 파동역학**

행렬역학이 옳을까? 파동역학이 옳을까? 하이젠베르크와 슈뢰딩거는 양자 가설을 놓고 행렬역학과 파동역학이라는 서로 다른 이론을 펴면서 논쟁했다. 하지만 하이젠베르크가 행렬역학을 개발한 지 1년이 채 못 돼 슈뢰딩거는 하이젠베르크의 행렬역학이 자신의 파동역학과 수학적으로 같다는 사실을 밝혀냈다. 하이젠베르크가 행렬역학으로 푼 것이나 슈뢰딩거가 파동 방정식을 도입해 해결하려 했던 것이나, 결국 동일한 결과를 가져온다는 것이 증명된 것이다. 행렬역학과 파동역학은 다른 모습을 한 같은 이론이었던 셈이다. 특히 1926년 영국의 물리학자 디랙은 '변환이론'을 만들어 행렬역학과 파동역학을 하나의 추상적인 방정식에 통합함으로써 둘의 통일을 모색했다. 오늘날 행렬역학과 파동역학은 모두 양자역학을 기술하는 방법으로 인정받고 있다.

가 a이고 그 운동량이 b라면 이 양이 고전역학에서는 정확히 결정될 뿐만 아니라 두 양의 곱 ab는 곱 ba와 같고 곱하는 순서가 결과에 아무런 차이를 불러일으키지 않는다. 하지만 행렬역학에서는 그렇지 않다. a와 b가 정확한 수가 아니다. 또 행렬이기 때문에 ab의 값과 ba의 값이 다르다.

이것이 바로 하이젠베르크의 '불확정성원리'이다. 하이젠베르크는 직선을 따라 일정한 속력으로 움직이는 전자의 위치를 측정하는 과정을 분석해 불확정성원리를 설명했다. 직선 위에 있는 전자의 위치를 알기 위해서는 전자를 관찰해야 한다. 이 이야기는 전자를 향해 광선을 내보내는 것을 뜻한다. 광선 속의 광자가 전자에 충돌하면 광자는 반사해서 우리 눈으로 들어오고 우리는 반사원리를 이용해 전자의 위치를 얻어낸다. 하지만 광자는 전자로부터 반사하면서 전자에게 자기 운동량의 일부를 전달하고 이것이 전자의 운동량을 바꿔놓는다. 따라서 전자의 위치를 더 정확히 결정하면 할수록 운동량의 오차는 커진다. 그럴 수밖에 없는 이유가 전자의 위치 오차를 줄이기 위해서는 아주 짧은 파장의 광자를 전자에 쏘여야 하는데, 짧은 파장의 광자는 높은 에너지를 갖고 있으므로 이는 곧 운동량이 큰 광자가 필요함을 뜻하기 때문이다. 결국 우리는 전자를 측정하는 과정에서 광자 때문에 생기는 혼란을 제어할 수 없다. 따라서 만약 전자가 어디에 있는지 그 위치를 알면 운동량(속도)을 알 수 없고, 반대로 운동량을 알면 위치를 알 수 없다는 결과가 나온다. 다시 말해 전자의 운동량을 정확히 알면 위치가 불분명해지고, 위치를 정확히 알면 운동량이 불분명해진다.

하이젠베르크의 불확정성원리는 미래에 대한 시각을 180도 바꿔놓았다. 하이젠베르크의 불확정성원리가 등장하기 전에는 미래는 정확히 예측할 수 있는 것이었다. 18세기 프랑스의 수학자 라플라스는 자신이 수많은 계산을 하는 데 필요한 자료와 계산력만 있다면 향후 천체의 운행을 한 치의 오차도 없이 예측할 수 있다고 말했다. 별자리가 어떻게 움직이는지 계산하면 알 수 있듯 세상만사 어떻게 움직일지를 다 알 수 있다는 것이다. 그래서 필요한 모든 계산을 다 할 수 있는 초능력자를 '라플라스의 악마'라고 부른다. 고전물리학에서는 수많은 변수가 있고, 계산이 좀 복잡할 뿐 필요한 변수와 계산 방법만 있다면 미래를 정해진 대로 예측할 수 있었다. 하지만 양자역학의 세계에서는 더 이상 '정해진 미래' 따위는 없었다. 하이젠베르크는 불확정성원리를 통해 고전역학의 '라플라스의 악마'를 사라지게 만든 것이다.

한편 하이젠베르크가 1925년 행렬역학에 대한 논의를 발표한 1년 뒤 슈뢰딩거는 하이젠베르크와는 정반대의 방법으로 원자핵을 도는 전자의 움직임을 기술해 하이젠베르크와 같은 결과를 얻었다. 슈뢰딩거가 보기에 하이젠베르크의 행렬역학은 원자가 특정 상황에서 어떻게 반응할지 확률적으로 예측할 수는 있었지만 그 이상은 불가능해 보였다. 슈뢰딩거는 드브로이 Louis de Broglie, 1892~1987의 물질파 개념을 도입해 전자가 입자가 아닌 파동이라고

생각하고 방정식을 만들었다. 전자를 입자가 아니라 서로 밀집한 정도가 다르게 공간에 퍼져있는 파동이라고 간주한 것이다. 이렇게 태어난 것이 '파동역학'이다.

카드와 축구의 법칙

하이젠베르크의 불확정성원리는 물리학뿐만 아니라 철학과 사회 사상에도 많은 영향을 미쳤다. 불확정성원리는 사회의 발전방향이 이미 결정돼 있다는 결정론적인 사회 사상을 공격하는 좋은 수단이 됐기 때문이다.

과학철학자 카를 포퍼Karl Popper, 1902~1994는 하이젠베르크의 불확정성원리에 영향을 받아서《열린 사회와 그 적들The Open Society and Its Enemies》(1945)이란 유명한 책을 썼다. 그는 이 책에서 인류의 운명과 역사가 결정되거나 닫혀 있지 않고 무한한 가능성으로 열려 있다고 주장했다. 포퍼는 자본주의가 반드시 망하고 필연적으로 공산주의 세상이 도래할 것이라는 마르크스의 결정론을 비판했다. 양자의 위치와 속도가 정해져 있지 않듯이(불확정하듯이) 인류의 운명도 결코 미리 결정돼 있지 않다는 것이었다.

바둑, 카드, 장기, 축구 등 많은 게임은 그 결과가 자신의 행동뿐 아니라 상대방의 행동으로도 결정된다. 주식 시장도 상품 개발과 가격 경쟁 등 경쟁 상대가 어떤 반응을 보이는가에 따라 결과가 달라진다. 경제 주체들이 강한 상호의존성으로 엮여 있기 때문이다.

이것은 양자역학과 비슷한 맥락이 있다. 즉 관찰하고자 하는 대상이 관찰 수단에 의해서 변화된다. 전자를 관찰하려 해도 전자가 너무 가벼워서 현미경과 같은 측정 도구가 활용하는 빛이 전자의 위치와 속도에 영향을 준다. 주식 시장에서도 아무리 우수한 방법을 사용해도 많은 사람이 쓰면 그 유용성이 떨어진다.

이것은 경쟁과 견제, 타협을 다루는 게임 이론으로도 비유된다. 가장 유명한 게임 이론의 예로 '죄수의 딜레마^{Prisoner's dilemma}'가 있다. 죄수의 딜레마는 미국의 과학자 멜빈 드레셔^{Melvin Dresher}

 괴팅겐 학파

양자역학(quantum mechanics)이란 말은 1924년 독일 이론물리학자 막스 보른(Max Born, 1882~1970)이 처음 사용했다. 그는 확실성이 아니라 확률이 전자의 측정을 지배한다고 본 최초의 인물이었다. 1921년 괴팅겐대 이론물리학연구소 소장에 부임한 그는 소위 '괴팅겐 학파'라고 불리는 과학자 그룹을 이끌며 양자역학의 발전과 핵물리학의 개척에 크게 공헌했다. 괴팅겐 학파에 속하는 대표적인 인물로는 1925년 노벨 물리학상을 수상한 제임스 프랑크, 엔리코 페르미(Enrico Fermi, 1901~1954), 수소폭탄을 만든 에드워드 텔러(Edward Teller, 1908~), 원자폭탄을 만든 로버트 오펜하이머(Robert Oppenheimer, 1904~1967), 하이젠베르크 등이 있다. 히틀러 정권이 유태인을 강제 추방하면서 독일이 입은 가장 큰 손해는 괴팅겐 학파가 깨진 것이라는 해석이 있을 정도로 괴팅겐 학파는 당대 독일 물리학의 발전에 큰 역할을 했다. 프랑크와 텔러, 페르미는 이후 미국에서 다시 만나 원자폭탄을 만드는 '맨해튼 계획'에 참가하게 된다.

와 메릴 플러드^{Merri Flood}가 발견한 것으로 2명 이상의 공범이 각각 분리돼 경찰관의 취조를 받으면 결국 상대방을 신뢰하지 못하고 자백을 선택하는 경우를 일컫는 말이다.

너는 고전, 나는 양자

고전역학과 양자역학의 차이점은 뭘까. 고전과 양자의 대화로 정리해 보자.

| 고전 | 양자, 너 진짜 이상하다. 너는 나처럼 연속적이지 않고 불연속적인 물리량이잖아. 게다가 눈에 보이지도 않는 미시 세계에서 적용되지. 거기는 이상한 나라라면서. 나의 세계와 전혀 다르다던데. 나의 대부는 뉴턴이라고 할 수 있지. 그런데 너희 나라에서는 뉴턴을 따르지 않는다면서?

| 양자 | 우리가 이상한 나라에 산다고? 고전, 너의 이해를 돕기 위해 내가 쉽게 설명해주지. 너희 고전나라는 말이지 흙으로 만들어진 집이야.

| 고전 | 뭐? 흙집이라고? 우리나라가 어째서 흙집이야? 우리나라가 얼마나 발전했는지 알아? 요즘 우리나라에 흙집이 어딨어? 기본적으로 다 콘크리트집이라구.

|양자| 끝까지 들어봐. 그러니까 너희 나라는 흙으로 집을 짓는 것과 비슷하다는 거지. 필요에 따라서 적당량을 더하거나 뺄 수 있거든. 콘크리트도 마찬가지구. 그런데 내가 사는 양자 나라에서는 그게 불가능해. 흙이나 콘크리트가 아니라 쪼갤 수 없는 벽돌로 집을 짓는다고나 할까? 그래서 창틀이나 문의 크기도 모두 벽돌의 정수배일 수밖에 없어.

|고전| 쳇, 네가 요즘 과학계에서 가장 유명하다고 잘난 척을
하는데, 사실 이래 봬도 19세기 후반에는 내가 최고였다
고. 그때만 해도 정말 좋았지. 우리나라가 완성되던 시
기였거든. 플랑크 선생님의 지도교수조차 "이제 물리학
은 끝났다"며 다른 연구를 하도록 충고했다고 하지.

|양자| 너 마침 플랑크 선생님 얘기 잘 꺼냈다. 우리나라가 세
워진 건 바로 플랑크 선생님 덕분이거든. 너는 그 당시
가 최고의 전성기라고 생각하겠지만, 사실 그때도 너희
나라에서는 설명 안 되는 현상이 많았어. 플랑크 선생님
을 비롯해 그 뒤 20대의 젊은 물리학도들이 '혁명'을 꿈
꾸게 된 것도 그것 때문이지. 너희 나라에서는 설명할
수 없는 자연 현상 뒤에 뭔가 심오한 이론이 있다는 공
감대가 퍼져나갔거든. 하지만 기성 과학자들은 너희 나
라를 버릴 수 없었을 거야. 자신의 토대를 스스로 부정
할 용기가 없었던 거지.

|고전| 그래도 너는 너무 이중적이야. 어떻게 파동이면서 입자
일 수 있지? 너희 나라는 너무 위선적이야.

|양자| 사실 너희 나라에서도 얼마나 논란이 많았는지 아니?
너희 나라를 세운 뉴턴 선생님은 빛이 입자라고 했지.
하지만 곧 회절이나 간섭처럼 빛을 파동으로 생각해야
만 해결되는 현상이 관찰됐어. 결국 물리학자들은 관찰
방식에 따라 빛이 입자 또는 파동으로 보인다는 믿을 수

없는 사실을 오랜 시행착오 끝에 받아들여야만 했어. 그러던 차에 프랑스의 드브로이 선생님이 전자 같은 입자도 파동성을 갖는다는 물질파 이론을 내놓았지.

|고전| 왜 슈뢰딩거 선생님 얘기는 안하니? 계속 자랑해보시지.

|양자| 그래, 잘 알고 있구나. 1926년 슈뢰딩거 선생님이 요즘 물리학 교과서에도 등장하는 파동 방정식을 세웠지. 이 것은 입자의 행동을 파동으로 기술하는 수식이지. 이로 인해 양자 가설이 양자역학으로 물리학의 역사에서 자리매김하게 됐어. 우리나라에 일종의 헌법이 생겼다고 나 할까.

|고전| 하지만 슈뢰딩거 선생님은 자기가 만든 식이 뭔지도 몰랐다던데?

|양자| 그건 맞아. 하지만 결국 이듬해 독일의 보른 선생님이 파동 방정식의 의미를 해석해냈어. 물질이 어떤 지점에 존재할 확률은 그 지점의 진폭의 제곱에 비례한다는 내용이었지.

|고전| 하지만 아인슈타인 선생님은 그런 얘길 받아들이지 않았다던데?

|양자| 안타깝게 그것도 맞아. 아인슈타인 선생님은 보른 선생님에게 보낸 편지에서 "신은 주사위 놀이를 하지 않는다"고 썼으니까. 그런데 넌 나를 제대로 이해하긴 하는 거니?

|고전| 아니. 사실 양자론의 핵심 개념인 불확정성원리를 제안
한 하이젠베르크 선생님조차 "사람이 정확하게 볼 수 없
는 것이 자연의 실체"라고 했다면서. 대상의 위치를 정
확히 서술하려고 하면 그 운동량을 모르고, 운동량을 정
확히 서술하려면 위치를 포기해야 한다는 것이 불확정
성이라지. 우리나라에서는 도저히 이해할 수 없는 얘기
야. 도대체 뭐야. 예를 들어 지금 내가 여기 앉아 있지만
내가 건넛방에서 발견될 확률도 있다는 소리잖아.

|양자| 맞아. 하지만 네가 건넛방에서 발견될 확률은 매우 작아.
그런데 실제로 우리나라에서는 이런 일이 일어나거든.

|고전| 대체 일상 생활에서 경험으로 알지 못하는 이런 복잡한
이론을 뭣 땜에 이해해야 하는 거야?

|양자| 우리나라의 헌법이 단지 물리학자들의 지적 유희라면
모르겠지만 우리나라가 문명의 발전에 얼마나 많은 기
여를 했는데. 핵폭탄이나 핵발전소 등 막대한 에너지를
만들어내는 원자력 기술이나 분자의 구조 분석을 통해
수많은 신물질을 만들어내는 화학, 전자의 흐름을 조절
해서 정보를 관리하는 반도체 등 수많은 분야가 우리나
라가 없었다면 탄생할 수 없었을걸. 오늘날 너희 나라의
모습도 완전히 달라졌을 거야. 아, 또 있어. 요즘 각광받
는 분자생물학$^{Molecular\ Biology}$도 마찬가지야. 물리학자였던
프랜시스 크릭$^{Francis\ Crick,\ 1916~2004}$ 선생님이 생명 현상을

우리나라의 관점에서 해석한 슈뢰딩거 선생님의 《생명이란 무엇인가?$^{What\ is\ Life?}$》(1944)를 읽고 생물학에 뛰어들어 1953년 제임스 왓슨$^{James\ Watson,\ 1928~}$과 함께 DNA 이중나선구조를 발견했으니까. 한마디로 20세기는 우리나라가 혁명을 일으킨 시대였지.

|고전| 계속 뻐기기는. 그래도 솔직히 20세기를 돌아보면 너희보다는 아인슈타인 선생님의 상대성이론이 제일 먼저 떠오르는걸.

|양자| 그건 이유가 있어. 상대성이론은 관심을 끌 극적인 요소가 있었거든. 무엇보다 아인슈타인 선생님은 스타였잖아. 부적절한 비유이지만 타임머신처럼 사람들의 관심을 끌 요소도 있었고. 하지만 양자 나라 선생님들은 모두 점잖아서인지 아인슈타인 선생님만 한 스타가 없었어. 게다가 우리나라가 성공하는 데 기여한 선생님들 대부분이 우리 자체를 완전히 이해하지는 못했거든.

|고전| 맞아, 갑자기 생각났는데, 너희 동양 사상과도 관계가 있어?

|양자| 하하, 맞아. 가장 잘 알려진 것이 프리초프 카프라$^{Fritjof\ Capra,\ 1939~}$ 선생님의 《현대 물리학과 동양 사상》(1975)이지. 거기서는 양자론을 동양 철학에 빗대어봤어. 그런데 조심해야 돼. 우리 나라가 너희 나라보다 융통성이 있어서 동양 사상과 비슷한 면이 있긴 하지만 무리하게 연결

시키는 것은 반대야. 외견상 비슷해 보이는 개념도 실제로는 쓰이는 맥락이 전혀 다르니까.

|고전| 너희가 자꾸 대단하다고 하는데 도대체 어떤 점이 그렇다는 거야?

|양자| 사실 너희 나라도 대단했어. 뉴턴 선생님의 역학은 당시 사람들에게 경탄의 대상이었으니까. 낙하 운동이나 포탄의 궤적을 정확히 예측하는 건 엄청난 일이었거든. 그래서 사람들은 대상에 대한 정확한 정보만 있으면 그 미래를 알 수 있다고 믿게 됐어. 그런데 그런 믿음이 우리 나라에서 깨졌지. 확실한 실체라고 믿고 있던 세계가 사실은 확률의 법칙을 따르는 불확실한 세계라는 거야.

|고전| 그럼 너희 나라와 우리나라는 완전히 독립된 국가인건가?

|양자| 아냐. 사실 너희 나라는 우리나라의 근사적 형태라고 할 수 있어. 우리가 익숙한 세상처럼 원자나 분자가 아주 많아지면 우리나라의 수식은 너희 나라의 수식에 아주 가까워지거든. 너희 나라에서는 불확실성이 매우 낮아져서 모든 것이 확실해 보일 뿐이야.

|고전| 그런데 너희 나라에서도 눈에 보이는 것들이 있다면서?

|양자| 너 정말 우리나라에 관심이 많구나. 저항에 제로인 초전도현상이나 극저온에서 초유동체 현상은 너희 나라에서는 도저히 설명할 수 없는 현상들이지. 사람들이 이런

현상을 보면 당황하기 일쑤더군.

|고전| 하지만 언젠가 너희 나라를 대신할 새로운 나라가 나타
나지 않을까? 영원한 1등은 없다고.

|양자| 글쎄. 너의 얘기와 달리 21세기는 우리나라의 시대라는
말도 나오고 있어. 양자 컴퓨터나 나노 기술 등 우리나
라의 이론을 본격적으로 도입한 연구가 한창이거든. 오
히려 우리나라를 통치하는 사람들이 물리학자만이 아니
라 사회 전반의 다양한 사람들이 관여하게 됐거든.

베르너
하이젠베르크

1901년   독일 뷔르츠부르크 출생(12월 5일)
1927년   불확정성원리 발표
1932년   노벨 물리학상 수상
1933년   독일 '우라늄 프로젝트' 참여
1942년   카이저빌헬름연구소 소장 취임
1958년   막스 플랑크 물리학 및 천체물리학 연
         구소 소장 취임
1976년   사망(2월 1일)

하이젠베르크는 플랑크가 양자가설을 주창한 이듬해인 1901년 12월 5일 독일의 뷔르츠부르크에서 태어났다. 할아버지는 김나지움의 교장을 지냈고, 아버지는 김나지움 고전어 담당 교사를 거쳐 뮌헨 대학 교수를 지냈던 교육자 집안이었다. 그의 학교 기록을 보면 하이젠베르크는 공상이나 상상을 즐기기보다는 합리적 사고를 지녔다. 그리고 특이할 정도로 자신만만했다고 한다. 특히 수학과 과학을 잘했는데, 학교에서 가르치지도 않는 아인슈타인의 상대성 이론과 미적분학을 혼자 공부해 졸업 시험 때 이를 이용해 발사체의 운동 방정식을 풀어 선생님을 놀라게 했다고 한다.

1911년 하이젠베르크는 뮌헨의 막시밀리안 김나지움에 입학했는데 1914년 제1차 세계대전이 발발하여 전쟁의 혼란 속에서 지낼 수밖에 없었다. 하이젠베르크는 이 시기에 플라톤의 저작을 읽었는데, 이것은 그의 가치관을 형성하는 데 큰 영향을 미쳤다. 하이젠베르크는 1920년 막시밀리안 김나지움을 우수한 성적으로 졸업하고 러드위크 막시밀리안 대학에 입학, 조머펠트[Arnold Sommerfrld, 1868~1951*]의 가르침을 받았다.

이듬해에는 뮌헨 대학에서 최우수로 박사 학위를 받았으며 1922~1923년 괴팅겐 대학에서 보른의 조수로 있었다.

하이젠베르크의 물리학에 가장 큰 영향을 준 것은 다름 아닌 보어였다. 하이젠베르크는 1922년 6월 보어가 괴팅겐에서 강연했을 때 그를 처음 만났고, 그 후 1924년 두 차례에 걸쳐 코펜하겐의 보어 연구실을 방문해 그 곳에 머무르기도 했다.

1925년 보어－조머펠트의 원자 모형을 기초로 한 고전 양자론은 막다른 골목에 이르렀다. 이 시기에 하이젠베르크는 원자 속의 전자궤도 개념에 의심을 품고 방정식을 양자론적으로 해석하는 행렬역학을 확립했다. 그는 그 무렵 고초열에 걸리는 바람에 치료를 위해 헬골란드 섬에 머무르면서 연구에 몰두할 시간이 생겼다. 논문은 7월에 완성됐고, 보른과 파스쿠알 요르단Pascual Jordan, 1902~1980은 하이젠베르크의 논문에 근거해 양자역학의 수학적 체계를 세웠다. 그 후 하이젠베르크는 보른, 요르단과 함께 양자역학에 관한 논문을 2편 발표했으며, 이것은 곧 물리학자들 사이에 퍼져나갔다. 이 논문을 쓸 때쯤 파울리와 양자역학을 놓고 격렬한 논의를 했으며 또 서로 가르침을 받기도 했다.

1927년에 하이젠베르크는 좌표와 운동량에 관한 불확정성 관계에 대한 논문을 썼다. 1933년에는 양자역학을 확립한 공로를 인정받아 막스 플랑크 메달을,

---

⚛ 조머펠트 Arnold Sommerfrld

독일의 이론물리학자. 처음에는 팽이의 이론이나 전파문제를 연구했으나 후에는 보어의 원자구조론을 발전시켰고, 수리적 분야에서 근대물리학의 확립에 공헌했다.

1932년에는 노벨 물리학상을 받았다.

1932년 채드윅$^{James\ Chadwick,\ 1891~1974*}$이 중성자의 존재를 확인하자 하이젠베르크는 원자핵이 양성자와 중성자로 이뤄져 있을 것이라는 생각을 제안했고, 방사능이 발생하는 과정에서 중성자가 양성자와 전자로 변환된다는 주장을 발표했다. 이후 칼 앤더슨$^{Carl\ Anderson,\ 1905~1991}$이 양전자를 발견하자 하이젠베르크는 이 주장을 계속 발전시키게 된다. 하지만 같은 해 히틀러가 독일의 수상이 되면서 유태인에 대한 탄압이 심해지자 보른, 펠릭스 블로흐$^{Felix\ Bloch,\ 1905~1983}$, 슈뢰딩거 등 많은 물리학자가 독일을 떠나 망명했다. 독일에 남아있던 슈타르크$^{Johonnes\ Stark,}$ $^{1874~1957}$나 레나르트 $^{Philipp\ Lenard,\ 1862~1947}$ 등의 물리학자들은 나치를 지지하며 높은 자리를 차지하고는 양자론이나 상대성이론을 '유태적'이라고 공격했다.

하이젠베르크는 독일에 머물렀기 때문에 모종의 타협을 강요당했다. 게다가 망명으로 인해 그의 주위에는 우수한 동료도 없었다. 1933년 독일에서 핵에너지 개발에 대한 관심이 커지면서 '우라늄 프로젝트'가 시작됐고, 하이젠베르크는 이 실험에 참가하게 된다.

1942년 하이젠베르크는 베를린 대학의 이론물리학 교수가 되어 하이가롯호성의 교회 지하 동굴 실험실에서 원자로를 만드는 실험을 했다. 1945년 2월 말 원자

채드윅$^{James\ Chadwick}$
영국의 물리학자. 1935년 노벨물리학상을 수상했다. 전하(電荷)를 가지지 않은 소립자(素粒子)·중성자(中性子)를 발견하여, 초기 핵물리학의 여러 모순을 제거했다. 이는 원자핵론 및 소립자론의 전환점이었다.

로의 임계 조건에 성공하는 것처럼 보였지만 그 해 4월 30일 히틀러는 자살했고, 5월 7일 독일군은 무조건 항복을 선포했다. 하이젠베르크는 5월 4일 미군에 체포됐고 영국의 포암홀이라는 큰 저택에 구류됐다. 여기에는 핵분열의 발견자인 오토 한$^{Otto\ Hahn,\ 1879{\sim}1968}$, 라우에, 폰 바이츠제커 $^{Carl\ Von\ Weizsäcker,\ 1912{\sim}}$등의 핵물리학자도 있었다. 이들은 8월 6일 뉴스를 통해 일본 히로시마에 고성능 폭탄이 투하됐다는 소식을 접했고, 이 폭탄이 원자폭탄인지 아닌지를 논의했다.

이듬해 하이젠베르크는 구류 생활을 마치고 독일로 귀환했다. 그는 영국 점령군의 제안으로 설립된 독일 과학협회에 한과 함께 참여했다. 1949년에는 독일 연구 협의회가 설립됐는데, 하이젠베르크는 총재로 취임했고, 이후 알렉산더 폰 훔볼트 재단의 총재도 맡았다. 또 독일 원자력 위원회의 핵물리학 부문 위원장도 겸했다.

한편 나치의 지배하에서 우라늄 프로젝트를 책임지고 있었으면서도 핵에너지의 평화적 이용을 꿈꾸던 하이젠베르크는 1945년 8월 미국의 원자폭탄에 의한 엄청난 인명 피해를 목격했다. 종전 이후 독일 과학계의 재건에 몰두하던 그는 핵폭탄의 개발을 추진하던 당시 콘라트 아데나워$^{Konrad\ Adenauer,\ 1876{\sim}1967}$ 수상에 반대해, 1957년 18명의 독일인 핵물리학자들과 함께 핵무장을 반대하는 〈괴팅겐 선언$^{Göttingen\ Deklaration}$〉을 주도하는 평화 운동을 전개하기도 했다. 그는 다른 17명의 핵물리학자와 함께 이 선언에 서명했다.

하이젠베르크 주위에는 항상 최고의 물리학자들이 있었다. 그는 이들과의 교류를 통해 자신의 과학적, 철학적, 종교적 사고를 발전시키고

넓혀갔다. 플랑크, 보어, 아인슈타인, 파울리 등 이 책에 등장하는 인물들 외에도 많은 과학자들과의 대화는 하이젠베르크의 학문적인 발전에 중요한 역할을 했다. 하이젠베르크 본인은 조머펠트로부터 물리학에 대한 희망을, 괴팅겐의 보른으로부터 수학을, 그리고 코펜하겐의 보어로부터 철학을 배웠다고 회고했다.

하이젠베르크는 1958년 뮌헨의 막스 플랑크 물리학 및 천체물리학 연구소 소장을 거쳐 1970년에 은퇴, 6년 후 1976년 2월 1일 암으로 세상을 떠났다.

양자론이 바꾼 세상

　양자 이론은 여전히 하나의 수수께끼다. 몇몇 저명한 물리학자들의 이야기가 이런 상황을 잘 표현해준다. "양자론을 생각하면서 혼란을 느끼지 않는 사람은 양자론을 제대로 이해한 것이 아니다." 보어는 이렇게 탄식했다. 그만큼 양자론이 이야기하는 세계의 모습은 기묘하기 그지없고 이해하기 힘들다는 뜻이다. 갈릴레오, 뉴턴 등의 과학자들이 확립한 고전역학과 20세기 양자역학은 많은 점에서 대조적이다. 원자를 이해하고 설명하기 위해 개발된 양자역학은 원자핵과 그를 구성하는 입자들, 그리고 쿼크까지 적용되는 최신 과학이다.

　1965년 노벨 물리학상을 수상한 리처드 파인만^{Richard Feynman,} ^{1918~1988}은 "나는 양자역학을 이해하는 사람은 아무도 없다고 말해도 좋으리라 생각한다"고 말했고, 머레이 겔만^{Murray Gell-Mann, 1929~}

역시 "양자역학은 우리 가운데 누구도 제대로 이해하지 못하지만 사용할 줄 아는 무척 신비하고 당혹스러운 학문이다"라고 했다. 아이슈타인과 보어의 논쟁도 처음 제기된 이후 70여 년이 지난 지금에도 아직 끝나지 않았다. 도대체 무슨 이유로 양자역학을 현대 과학의 초석으로 꼽는 것일까.

모든 것을 설명하는 힘

아무리 인기 있는 유행도 시간이 지나면 좀더 세련되고 다양해진 유행으로 대체되듯이 과학이론도 끊임없이 변화한다. 20세기 과학의 핵심이라고 일컬어지는 양자론은 원자라는 약 1억분의 1센티미터 정도의 작은 물체의 운동을 이해하기 위한 이론 체계였다. 하지만 실험이 발달하면서 원자보다 훨씬 작은 소립자라는 물질의 존재를 발견하게 됐고 이를 설명하기 위해 양자역학은 양자장론이라는 수학적으로 난해한 이론으로 발전했다.

또한 원자들로 이루어진 분자나 혹은 그보다 더 큰 물체에서도 양자론적 효과가 중요해지면서 양자 이론은 물리학뿐 아니라 화학이나 생물학 등 인접 자연 과학에도 핵심적인 이론 수단이 됐다. 한편 양자론에 의해서 반도체, 초전도체 등 현대 물질 문명이 이룩됐으며 앞으로 더 발달될 과학 문명도 양자론을 전자공학이나 컴퓨터과학 등에 응용함으로써 가능해질 것이다.

어떤 과학이론도 절대적 진리일 수는 없다. 끝없는 실험과 관찰 과정을 거치면서 예외가 발견될 수 있고 이를 보완하기 위해 더 새로운 이론이 탄생한다. 그렇다면 과연 양자론에도 한계가 있을까. 엄밀히 말한다면 양자론은 원자보다 매우 작은 크기에서 우주 전체에 이르기까지 적용되지 않는 곳이 없다. 단지 양자론적 효과가 얼마나 눈에 띄느냐의 문제일 뿐이다.

일상생활에서 양자론적인 신기한 현상들이 생기지 않는 이유는 그 효과가 너무 작고 다른 소음에 가려지기 때문이다. 양자론적인 효과가 가장 크게 나타나는 분야는 원자나 원자 속의 무한히 작은 영역이다.

원자는 사람, 건물, 자동차 등 모든 물체를 이루는 가장 기본적인 단위이다. 원자는 원자핵과 전자들로 이루어지는데, 원자핵은 양의 전하를, 전자들은 음의 전하를 띠고 있어 서로 잡아당긴다. 만약 불확정성의 원리가 없다면 전자들은 수조분의 1초 안에 핵으로 빨려 들어가 원자들이 붕괴될 것이다. 따라서 우리가 보는 삼라만상도 전부 눈 깜짝할 사이에 사라질 수도 있다.

전자가 핵에 빨려 들어간다는 것은 곧 정지한다는 뜻인데 이는 속도를 정확히 결정할 수 없다는 불확정성원리에 어긋난다. 다시 말해 불확정성원리에 의해 전자는 정지할 수도, 한 곳(핵)에 위치할 수도 없으므로 에너지를 완전히 잃을 수 없다. 결국 모든 세상이 존재하는 것은 양자론 덕분이다.

원자핵은 원자보다도 1,000배나 작은 크기로 더 작은 핵들로 분열하거나 혹은 다른 핵과 합쳐져 더 큰 핵을 만드는 핵융합을 하는데 이때 생기는 작은 질량의 변화 때문에 엄청난 에너지가 만들어진다(아인슈타인의 유명한 $E=mc^2$). 이 에너지가 핵폭탄이나 핵발전소의 원천이다.

만약 핵들이 고전 물리학의 법칙을 따랐다면 질량의 변화가 생길 수 없다. 당구공 10개의 질량을 한 번에 재나, 4개와 6개로 나누어 각각 잰 다음 더하나 전체 질량이 같음은 너무 당연하다. 그러나 양자론에서는 이런 상식이 통하지 않고 질량의 변화가 생기기 때문에 인류는 태양빛과 같은 엄청난 에너지원을 얻게 된 것이다.

원자핵은 다시 양성자와 중성자라는 입자들로 나눠진다. 양성자는 양의 전하를 띠고 있고 중성자는 전하가 없다. 매우 작은 크기의 핵 안에 여러 개의 양성자들이 모여 있으면 서로 강하게 밀치므로 핵은 금방 쪼개지고 원자들은 붕괴될 것이다. 이런 일이 생기지 않는 이유는 텅 빈 공간에서 새로운 입자가 탄생해 서로 밀치는 양성자들 사이를 오가면서 더 강한 힘으로 꽉 붙잡아주기 때문이다. 이런 빈 공간에서 물체가 탄생하는 현상은 양자역학을 더 발달시킨 양자장론*으로만 설명이 가능하다.

이를 통해 과학자들은 양성자 속

양자장론

원자구성입자 현상을 설명하기 위한 물리학 이론 중의 하나. 입자가 생성되거나 소멸되는 고에너지 충돌과 같은 현상을 설명하기 위해 양자역학과 상대성이론을 결합하려는 시도에서 생겨났다.

의 쿼크라는 소립자들까지 훌륭하게 설명했다. 미국이나 유럽에 있는 거대 가속기를 통해 쿼크 등 소립자의 성질을 알아본 결과 양자장론이 인간이 실험적으로 확인할 수 있는 가장 작은 크기까지도 매우 잘 맞음을 알게 된 것이다.

DNA부터 휴대전화까지

양자론이 탄생한 후 곧 과학자들은 원자보다 조금 큰, 원자들로 이뤄진 작은 분자들도 양자론으로 기술해야 한다는 사실을 깨달았다. 이로부터 양자화학이라는 분야가 발전했다.

양자화학에서 제일 잘 알려진 인물은 노벨상을 두 번이나 수상하며 양자역학으로 현대 화학의 문을 연 과학자 라이너스 폴링 Linus Pauling, 1901~1994이다. 폴링은 원자들이 전자를 끌어당기는 경향을 나타내는 전기음성도를 정량적으로 정의했고, 복잡한 유기 분자와 전이금속 화합물의 정확한 구조와 성질을 밝혀냈다. 특히 양자역학의 개념을 도입해 원자 오비탈의 혼성화와 공명 같은 화학 결합의 핵심적인 개념을 정리했다.

DNA의 구조도 양자론으로 설명할 수 있다. 양자론에서는 에너지가 연속적이지 않고 불연속적이다. 그래프로 그린다면 직선이 아니라 계단 모양이라는 뜻이다. 이렇게 불연속적인 에너지 변화를 양자도약 quantum jump이라고 한다. DNA와 같은 유전 분자들은 대개 가장 낮은 에너지를 갖고 있다. 그런데 이 분자가 안정된 구조를 유지하는 이유는 주위에서 얻은 에너지가 다음 에너지 값으로 도약할 만큼 충분하지 않기 때문이다. 예를 들어 DNA에 X선을 쪼이면 구조가 바뀌면서 돌연변이가 생기기도 하는데, 이는 X선과 같은 강한 에너지를 받으면 양자도약이 일어나 구조가 변하기 때문이다.

반도체도 에너지 값들이 불연속적이라는 양자론의 특징 때문에 생긴 양자역학의 산물이다. 모든 물체에는 많은 전자들이 있다. '전자가 움직이는 것'이 우리가 전류라고 부르는 것이다. 전자가 자유롭게 움직이면 전류가 잘 흘러 도체가 되고, 전자가 원자에 묶여 움직이지 못하면 부도체가 된다. 이를 양자론으로 해석하면, 전자가 가질 수 있는 에너지가 연속적이면 도체이고, 불연속적이면 부도체다.

그런데 반도체는 좀 다르다. 반도체는 도체와 부도체의 중간이다. 즉 반도체는 에너지 값이 불연속적이지만 그 차이가 열 에너지 정도여서 전자들 중 일부가 양자 도약을 일으켜 움직일 수 있는 물질을 말한다. 따라서 반도체로 이뤄진 전자제품은 열 에너지가 작아지는(온도가 낮은) 곳에서는 부도체가 돼 작동을 멈춘다. 휴대전화에는 이런 반도체 칩들이 통신칩을 중심으로 편재돼 있다.

양자이론 다음은
초끈이론

그렇다면 양자이론의 한계는 없을까. 현재까지는 양자이론은 그 한계를 의심할 여지가 없는 완벽한 이론이다. 이전의 어떤 과학이론보다도 정확하고 모든 실험 테스트도 통과했다. 아직까지 양자이론에 어긋나는 실험은 하나도 없다. 하지만 이론물리학자들은 양자이론에도 한계가 있을 수밖에 없다고 주장한다. 이론적으로는 인간이 도달하지 못한 극미의 세계가 존재하기 마련이고, 현재의 양자이론은 이렇게 엄청나게 작은 영역에서는 문제점을 드러내기 때문이다.

이런 점에서는 아인슈타인이 옳았다고 해야 할까. 아인슈타인은 자신이 "양자론이라는 사악함을 보지 않기 위해 머리를 땅에 박고 있는 타조같이 보일 것"이라고 말할 정도로 양자론을 배척했다. 그의 상대성이론은 너무나 성공적이었고, 이 때문에 그는 상대성이론과 모순이 있는 양자론을 받아들일 수 없었던 것이다.

아인슈타인은 이 모순을 극복하기 위해서 양자역학의 세계를 상대성이론의 틀로 설명하는 통일장이론을 제시했다. 결국 아인슈타인의 시도는 성공하지 못했지만 그는 후대 물리학자들에게 일반상대성이론과 양자역학의 모순을 일깨워줬다.

최근에는 이런 모순을 극복하기 위해 초끈이론superstring theory이 등장했다. 20세기 물리학을 지배한 입자 이론은 모든 물질의 근원이 원자에서 원자핵으로 다시 양성자와 중성자로 그리고 쿼크로 계속해서 작아지면서 아주 작고 쪼갤 수 없는 입자로 이뤄져 있다는 것이다. 초끈이론은 이런 입자 대신 끈이라는 개념을 쓴다. 즉 초끈이론은 모든 물질의 근원이 입자가 아니라 아주 짧은 (10^{-33}센티미터) 1차원의 가느다란 끈으로 이뤄져 있다고 보는 것이다. 양성자의 크기가 10^{-13}센티미터인 것을 감안하면 이 끈이 얼마나 작은지 알 수 있다.

물질이 입자로 이뤄져 있다고 생각할 때는 자연에 존재하는 기본 입자들을 도입해야만 한다. 예를 들어 전자, 쿼크, 중성미자(뉴트리노), 광자, 중력자, 글루온 등 매우 다양한 입자들이 필요하다. 반면 초끈이론은 끈 하나만 있으면 된다. 여러 입자들은 한 가지 끈이 어떻게 진동하느냐에 따라 다른 질량과 물리량을 가질 수 있다. 즉 전자와 중성미자는 같은 끈이 서로 다른 모양으로 진동하고 있다고 해석하면 된다. 따라서 초끈이론으로는 양자역학에서 입자와 파동의 이중성을 해석할 수도 있고, 중력을 매개하는 중력자도 해석할 수 있다. 하지만 초끈이론으로도 아직 문제를 완전히 해결하지는 못하고 있다.

Albert Einstein

Chapter 3

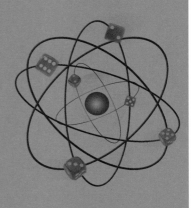

대화

TALKING

Niels Bohr

기적의 해
가면 법정의 진실 게임

때 : 현재

장소 : 법정

등장인물 : 미스터 하우(How), 미스터 와이(Why), 미스터 후(Who),

　　　　　 미스터 웬(When), 미스터 웨어(Where), 미스터 왓(What)

|앵커| 지금 법정에서는 아인슈타인의 '기적의 해'에 대한 진실 여부를 두고 공방이 치열하다고 합니다. 현장에 나가 있는 이 기자

를 연결해서 상황을 알아보겠습니다. 이 기자, 지금 재판이 시작 됐습니까?

|이 기자| 네, 저는 지금 법정에 나와 있습니다. 아직 재판은 시작 되지 않고 있습니다. 예정보다 10분 정도 늦어진다고 합니다. 현 재 법정 안은 참관인들의 열기로 뜨겁습니다. 스티븐 호킹을 비 롯해 세계적으로 내로라하는 과학자들이 법정을 가득 메우고 있 습니다. 때문에 이 석학들을 취재하기 위한 경쟁도 치열합니다.

|앵커| 오늘 재판의 발단은 무엇이었죠?

|이 기자| 네, 피고가 기적의 해라는 허위 사실을 유포했다는 원고 의 주장이 제기되면서 사건이 불거졌는데요, 현재 기적의 해가 과연 존재했는가를 두고 원고와 피고 양쪽이 팽팽하게 맞서고 있습니다.

|앵커| 그렇다면 재판 내용은 뭔가요?

|이 기자| 네, 오늘 재판에서 원고는 기적의 해에 대한 정의 여부를 집중적으로 따질 것으로 예상됩니다. 기적의 해로 보기엔 무리 가 있다는 주장입니다. 반면 피고 측에서는 논문과 실제 사례를 들어 기적의 해가 존재했다고 주장하면서 허위 사실 유포에 대

한 논란에 마침표를 찍겠다는 분위기입니다.

|앵커| 그렇다면 기적의 해는 무엇인가요?

|이 기자| 네, 기적의 해는 아인슈타인이 한 해 동안 5편의 논문을 발표한 1905년을 가리킵니다. 당시 가난한 특허국 직원이었던 아인슈타인은 논문 발표를 통해 현대 물리학의 핵심이 된 세 가지 중요한 연구 업적을 남겼습니다. 이로 인해 아인슈타인은 인류가 갖고 있던 개념을 세 번이나 바꿨다는 평가를 받기도 했는데요, 바로 원자의 존재를 입증하고, 양자역학의 심오한 세계를 소개했으며, 우주와 시간에 대한 관점을 전환한 것입니다. 오늘 재판은 바로 1905년이 과연 기적의 해였는지를 검증하는 자리라고 할 수 있습니다.

|앵커| 그렇군요. 그런데 오늘 재판에는 좀 특별한 점이 있다면서요?

|이 기자| 네, 그렇습니다. 재판 과정을 공개하는 대신 증인들은 모두 가면을 쓰고 증언을 하게 됩니다. 법무부는 증인의 신변 보호를 위해서 부득이하게 이럴 수밖에 없다고 밝혔습니다. 그리고 양쪽 증인이 나뉜 것이 아니라 필요한 경우 양측이 같은 증인을 심문할 수 있다고 하는군요. 아, 지금 막 재판이 시작됐습니다.

｜앵커｜ 네, 그럼 지금부터 재판 과정을 생중계해드리겠습니다.

(재판장이 모습을 드러내자 떠들썩하던 청중석이 조용해진다)

｜재판장｜ 지금부터 기적의 해에 대한 재판을 시작하겠습니다. 원고 측 먼저 시작해주십시오.

｜검사｜ 존경하는 재판장님. 기적이라는 것이 무엇입니까. 기적이란 상식으로는 생각할 수 없는 신비한 일입니다. 인간의 힘으로 불가능한 일을 종교의 힘으로 해결했을 때 우리는 그것을 기적이라고 부릅니다. 과연 아인슈타인은 기적을 일으켰을까요? 증인을 불러 그렇지 않다는 것을 보여드리겠습니다.

｜재판장｜ 인정합니다.

｜검사｜ 미스터 웬, 나와주십시오.

(미스터 웬이 선서를 마치고 자리에 앉는다)

｜검사｜ 미스터 웬, 당신은 과거의 일을 정확히 기억합니까?

｜미스터 웬｜ 제 이름이 '웬When'입니다. 그것만큼은 누구에게도 뒤

지지 않죠.

|검사| 1919년 11월 10일 무슨 일이 있었는지 말해주시겠습니까?

|미스터 웬| (잠깐 생각한 뒤 말문을 연다) 아, 그날은 세계가 온통 난리법석이었죠. 그날 《뉴욕타임스The New York Times》가 아인슈타인 씨의 이론을 이해하고 받아들이는 사람은 전 세계에 12명밖에 되지 않는다는 기사를 발표했거든요. 그때는 아인슈타인 씨의 일반상대성이론이 실험적으로 검증된 직후였지요. 그 바람에 축제 분위기가 확 수그러들었어요. 1905년에 이어 "다시 기적이 일어났다" 이런 얘기는 꺼낼 수도 없었어요. 1905년 기적의 해에 대한 얘기도 쑥 기어들어갔죠.

|변호사| 이의 있습니다. 미스터 웬, 그때 정말로 일반상대성이론을 이해한 사람이 12명밖에 되지 않았나요? 사실을 확인했습니까?

|미스터 웬| 아……. 그게……. 아뇨. 그래요, 물론 반론도 만만치 않았습니다. 1905년 아인슈타인 씨가 내놓은 특수상대성이론은 당시 물리학자들 사이에서 꽤 빠른 속도로 수용됐으니까요. 플랑크나 로런츠, 푸앵카레, 민코프스키 같은 유수의 물리학자들은 모두 특수상대성이론을 이해하는 데 아무 문제가 없었어요.

|검사| 이의 있습니다. 기적의 해라고 불리려면 최소한 아인슈타인 씨의 천재성이 증명돼야 합니다. 존경하는 재판장님, 두 번째 증인을 신청합니다.

|재판장| 인정합니다.

(미스터 왓이 등장하고 선서를 마친 뒤 미스터 웬 옆자리에 앉는다)

|검사| 미스터 왓, 1905년 이전 무슨 일이 있었는지 기억하십니까?

|미스터 왓| 물론입니다. 에, 벌써 100년도 더 전의 일인가요. 세월이 어찌나 빨리 가는지……. 하긴 내 나이가 벌써…….

|검사| 미스터 왓, 본론을 얘기해주십시오.

|미스터 왓| 어이쿠, 죄송합니다. 옛날 일을 떠올리다 보니 나도 모르게 그만 향수에 젖었네요. 나는 아인슈타인과 대학 시험을 같이 준비했어요. 사실 특수상대성이론은 그 친구가 그때 처음으로 생각해냈죠. 갈릴레이 씨의 상대성이론이 빛에 잘 적용되지 않자 이 친구가 고민하기 시작했던 겁니다. 그런데 문제가 그렇게 쉽게 풀린 건 아니었어요. 아인슈타인은 일단 푀플 선생님이

쓴 전기공학 책인 《맥스웰의 전기이론 입문》을 열심히 읽었죠. 그 친구는 그 교과서를 진짜 열심히 읽었어요. 그러면서 도선과 자기장의 움직임이 단순히 좌표계의 차이란 걸 깨달았죠.

|검사| 그래서, 아인슈타인 씨가 그때 특수상대성이론을 발견했습니까?

|미스터 왓| (손을 내저으며) 아네요, 아네요. 대학을 졸업할 때까지 별다른 진전이 없었습니다. 대학에 조교 자리도 얻지 못해 임시직 교사와 실업 상태를 전전했었던 게 아인슈타인 그 친구였으니까요. 물론 그렇게 힘든 와중에서도 문제를 손에서 놓지는 않았죠. 그로스만이라는 수학자 친구에게 편지를 보내 물체의 상대 운동에 대한 실험을 얘기하기도 했어요. 그게 언제였더라…….

|검사| 미스터 웬, 그게 언제였죠?

|미스터 웬| 그게 1901년 9월이었죠.

|검사| 미스터 왓, 얘기를 계속해주십시오.

|미스터 왓| 네. 미스터 웬, 이 친구 진짜 날짜 하나는 잘 기억하는

구먼요. 허허. 아인슈타인은 당시 마리치라는 동급생을 사랑하고 있었어요. 마리치에게는 교수가 자신의 실험을 칭찬했다는 편지를 보내기도 했죠. 연인에게는 자랑하고 싶었나봐요. 허허. (원고가 헛기침을 하며 빨리 본론을 얘기하라는 눈치를 주자) 아, 내 정신 좀 봐요. 또 딴 얘기를 했네요. 어쨌든 아인슈타인 그 친구는 결국 어느 지방의 물리학회에서 전자기학과 관련된 논문을 발표했어요. 그게 어디였더라…….

(자리에 앉아 있던 미스터 웨어가 벌떡 일어나 대답한다)

| 미스터 웨어 | 베른이었습니다.

| 미스터 웬 | (미스터 웨어의 대답이 끝나자마자 이어서) 1903년 5월이었구요.

| 미스터 왓 | 허허, 이 친구들 고맙네. 네, 아인슈타인은 그렇게 계속 문제를 물고 늘어졌어요. 결국 1904년 말, 빛의 속도가 일정한 것이 아니라 관찰자에 따라 달라진다고 가정했을 때 모순이 발생한다는 걸 깨달았죠. 1905년에 특수상대성이론을 발표할 때까지 따져보면……. 어이쿠, 무려 10년이나 되네요. 그 친구 고등학교 때부터 10년 동안 아무도 고민하지 않았던 사소한 문제를 물고 늘어졌어요.

|검사| 그렇습니다. 아인슈타인 씨는 무려 10년 동안 사소한 문제 하나를 고민했습니다. 여기에 과연 '기적'이라는 표현을 붙일 수 있을까요.

|변호사| 이의 있습니다. 그건 보기에 따라 다르게 해석할 수 있습니다. 10년 동안 한 문제를 고민했다, 이건 보통 사람이 할 수 있는 일이 아닙니다. 오히려 아인슈타인 씨의 천재성을 보여주는 것이라고 설명할 수 있습니다. 미스터 왓, 아인슈타인 씨가 베버 교수를 뭐라고 불렀죠?

|미스터 왓| 베버 씨.

|변호사| 그렇습니다. 당시 아인슈타인 씨는 자신이 존경하는 맥스웰 이론을 베버 교수가 거들떠보지 않는다는 이유로 그를 대학 시절 내내 '베버 씨'라고 불렀습니다. 아인슈타인 씨의 학문적 고집과 통하는 면이 있는 일화죠. 이런 고집과 끈기는 오히려 아인슈타인 씨의 천재성을 보여준다고 할 수 있지 않을까요?

|검사| (못마땅한 표정으로) 재판장님, 다른 증인을 부르겠습니다.

(미스터 하우가 등장하고 선서를 한다. 미스터 웬, 미스터 왓과 눈인사를 나누고 자리에 앉는다)

|검사| 미스터 하우, 아인슈타인 씨는 1905년 당시로서는 매우 파격적인 주장을 했습니다. 바로 빛의 입자설이었는데요, 어떻게 된 일인지 설명해주시겠습니까?

|미스터 하우| 물론 해드려야죠. 그러니까, 그게 당시 물리학자들이 고민하던 문제 중 하나가 빛의 본성이었습니다. 여기 재판을 방청하러 오신 많은 물리학자 여러분들이 익히 알고 계시겠지만 당시 빛은 입자인지, 파동인지 참으로 모호했어요. 수천 년 동안 과학자들을 괴롭혀온 문제였죠. 한마디로 엎치락뒤치락했어요. 17세기에는 하위헌스 선생님의 빛의 파동론이 지지를 받았어요. 그러다 18세기에는 뉴턴 선생님을 좇아 대부분이 빛의 입자론을 믿었죠. 그런데 19세기 초에 다시 토머스 영 선생님의 그 유명한 빛의 회절과 간섭 현상 실험 때문에 빛의 파동설이 지지를 받았어요. 이런 상황에서 아인슈타인 씨가 1905년 3월 빛의 입자론을 지지하는 논문을 발표했습니다.

|검사| 그때 주변 과학자들의 반응은 어땠습니까? 아인슈타인 씨에게 호의적이었나요?

|미스터 하우| 그게……. 사실 그렇지만은 않았어요. 아인슈타인 씨의 주장은 매우 과격한 것이었거든요. 파동론이 설명할 수 없었던 광전 효과를 설명할 수는 있었지만 파동론이 설명하는 빛의

회절이나 간섭 현상은 설명할 수 없었거든요. 이게 치명적인 약점이었죠.

|검사| (답답하다는 듯이) 그래서 그때 아인슈타인 씨가 기적을 만들어냈다, 이런 분위기가 형성됐습니까?

|변호사| 이의 있습니다. 지금 원고는 증인에게 답변을 강요하고 있습니다.

|재판장| 인정합니다. 원고는 증인을 재촉하지 않도록 주의해주십시오. 증인은 증언을 계속하십시오.

|미스터 하우| 네, 그럼 계속하겠습니다. 사실 아인슈타인 씨는 자신이 주장한 광양자 가설을 부분적으로 유보하고 빛의 파동론적 해석을 일부 받아들이기도 했습니다.

|미스터 웬| (끼어들며) 그게 1911년이었죠.

|미스터 하우| 네, 미스터 웬의 말처럼 아인슈타인 씨도 빛의 입자론에 100퍼센트 자신이 없었던 거죠. 아예 양자론을 잠시 잊고 중력 문제에 집중하기도 했습니다.

| 미스터 웬 | (또 끼어들며) 그게 1916년까지였죠.

| 재판장 | 미스터 웬은 원고나 피고의 질문이 있을 때만 답변해주십시오. 원고, 증인에게 더 물어볼 말이 남았습니까?

| 원고 | 아뇨, 이 정도면 충분합니다. 여러분, 보십시오. 아인슈타인 씨는 본인이 광양자 가설을 주장해놓고도 다시 파동론을 받아들이는 등 갈팡질팡했습니다. 이러고도 과연 기적이라는 말이 유효할까요?

| 변호사 | 존경하는 재판장님, 저도 증인에게 질문할 수 있는 기회를 주십시오.

| 재판장 | 예, 질문하도록 하십시오.

| 변호사 | 미스터 하우, 1916년 이후에 아인슈타인 씨는 양자론에 대해 어떻게 반응했습니까?

| 미스터 하우 | 1916년이면 아인슈타인 씨가 중력 연구로부터 일반상대성이론을 완성했을 때입니다. 그러자 아인슈타인 씨는 양자론에 대한 논의를 재개했습니다. 그리고 그전보다 훨씬 더 강하게 광양자 가설을 주장했지요. 이듬해였던가요…….

| 미스터 웬 | (재빨리 끼어들며) 1917년이었죠.

| 미스터 하우 | 네, 1917년에 요즘 레이저의 원리가 된 유도 방출에 대한 이론을 발표하면서 이를 설명하기 위해 광양자의 존재가 필요하다고 주장했어요.

| 변호사 | 그렇다면 아인슈타인 씨는 결국 빛의 입자성에 대한 논의를 부활시킨 것이 맞군요. 미스터 하우, 그렇습니까?

| 미스터 하우 | 네, 그렇게 볼 수도 있겠네요. 사실 아인슈타인 씨가 노벨 물리학상을 받은 것도 그 유명한 특수상대성이론이 아니라 바로 광양자 가설 논문 때문이었으니까요.

| 변호사 | 그렇습니다. 아인슈타인 씨는 1905년 3월 광양자 가설을 발표하며 기적의 해를 열었습니다. 이 논문은 이후 빛이 입자와 파동의 이중성을 갖는다는 결과를 이끌어내는 초석이 됐습니다. 또 광양자라는 새로운 개념을 제시해 20세기 양자론의 발전에 큰 역할을 담당했습니다. 이 정도면 기적의 해라고 부를 만하지 않습니까?

| 검사 | 이의 있습니다.

|변호사| 제 변론이 아직 끝나지 않았습니다. 재판장님, 다른 증인을 부르겠습니다.

|재판장| 인정합니다.

(미스터 후가 등장하고 선서 후 자리에 앉는다)

|변호사| 미스터 후, 아인슈타인 씨가 원자의 존재를 증명한 것이 맞습니까?

|미스터 후| 네, 맞습니다. 정비례의 법칙, 배수비례의 법칙, 상호비례의 법칙 등 실험을 통해 근대적인 원자론을 제창한 돌턴 선생님도 못했던 일입니다. 기체가 원자와 분자로 구성된다고 보고 이들의 운동을 수학적으로 기술한 맥스웰 선생 또한 못했던 일입니다. 독일의 오스발트 선생님은 아예 당구공 모양 같은 원자가 존재한다고 믿어서는 안된다고 경고했었습니다. 현미경으로 꽃가루를 관찰하다가 꽃가루가 생명력이 있어서 일정한 운동을 한다고 생각했던 로버트 브라운 선생님도 당연히 못했던 일입니다.

|변호사| 그런데 아인슈타인 씨가 하셨습니까?

|미스터 후| 네, 맞습니다. 브라운 선생님이 발견한 운동, 그러니까 액체나 기체 안에 떠서 움직이는 미세한 입자의 불규칙한 운동에 '브라운 운동'이라는 이름이 붙었습니다. 만약 브라운 운동의 비밀을 푼다면 원자를 직접 보지 못하더라도 원자의 충돌 효과를 보고 원자가 존재한다는 것을 알 수 있었죠. 아인슈타인 씨가 이 문제를 수학적으로 깔끔하게 풀었습니다.

|검사| 이의 있습니다. 미스터 후, 그렇다면 아인슈타인 씨가 문제를 푼 후 원자론 논쟁이 끝났습니까?

|미스터 후| 음……. 아닙니다. 페랭 씨가 원자론 논쟁에 종지부를 찍었습니다. 페랭 씨가 아인슈타인 씨의 이론을 실험으로 검증했거든요. 그는 당시 새로 개발된 암시야 현미경을 써서 물 분자의 움직임을 관찰했습니다. 그리고 수면의 높이별로 입자 수를 헤아려서 아인슈타인 씨의 계산과 맞아떨어짐을 알아냈습니다. 결국 페랭 씨가 최초로 물 분자의 크기와 물 분자를 구성하는 원자의 크기를 계산했고, 원자는 실재한다는 것을 밝혀 원자론 논쟁에 종지부를 찍었습니다.

|원고| 그렇습니다. 아인슈타인 씨는 원자론 논쟁을 끝내지 못했습니다. 이러고도 기적의 해라고 부를 수 있겠습니까?

|변호사| 이의 있습니다. 재판장님, 마지막 증인을 신청합니다.

|재판장| 인정합니다.

(미스터 와이가 등장하고 선서 후 자리에 앉는다)

|변호사| 미스터 와이, 왜 아인슈타인 씨의 논문이 원자론 논쟁을 끝내지 못했습니까?

|미스터 와이| 그건 아인슈타인 씨의 논문이 이론적인 계산이었기 때문입니다.

|변호사| 그렇다면 왜 페랭 씨의 논문은 원자론 논쟁을 끝낼 수 있었습니까?

|미스터 와이| 그건 페랭 씨의 논문이 실험에 기반했기 때문입니다.

|변호사| 그렇다면 왜 아인슈타인 씨의 논문이 중요하게 다뤄지는 겁니까?

|미스터 와이| 그건 그의 논문이 원자론 논쟁을 끝낼 수 있는 토대를 만들어줬기 때문입니다. 페랭 씨는 이 연구로 노벨 물리학상

을 수상했습니다. 그런데 선정 발표문에도 페랭 씨의 연구가 아인슈타인 씨의 브라운 운동에 관한 이론을 실험으로 검증하는 과정에서 나왔다고 돼 있습니다.

|재판장| 자, 이제 원고와 피고는 최종 변론을 해주세요. 먼저 원고 측부터 시작하십시오.

|검사| 두 가지만 말씀드리겠습니다. 아인슈타인, 그의 천재성을 너무 확대해석하지 말아주십시오. 기적이라는 말에 현혹되지도 말아주십시오. 이상입니다.

|변호사| 'Annus mirabilis'. 경이의 해 혹은 기적의 해를 뜻하는 라틴어입니다. 1667년 영국의 시인 존 드라이든이 〈기적의 해〉라는 시에서 처음 쓴 말이죠. 그는 흑사병과 런던 대화재, 네덜란드와의 전쟁으로 점철된 1666년을 영국 역사에서 경이의 해라고 불렀습니다. 사람들은 모두 악몽의 해로 기억했지만 그는 오히려 1666년을 런던의 재건과 미래의 승리를 기약하는 기적의 해로 바꾼 것입니다. 1666년은 과학의 역사에서도 기적의 해였습니다. 흑사병으로 케임브리지대학이 휴교한 '덕분'에 고향에 내려온 뉴턴 선생님이 만유인력 개념을 이끌어냈을 뿐 아니라 프리즘을 갖고 빛의 본성을 찾아내는 결정적 실험도 했기 때문이죠. 물리학의 판도를 결정지은 중요한 개념을 불과 1년 남짓

한 기간에 이뤄냈으니 '기적' 같은 일이라고 표현할 수밖에 없습니다. 이런 일이 1905년 아인슈타인 씨에게 다시 일어났습니다. 1905년 대학을 졸업한 뒤 스위스 특허국에서 일하던 스물여섯 살의 젊은 아인슈타인 씨는 그해 3월 광양자 가설에 대한 논문을 시작으로 5월 브라운 운동과 6월 특수상대성이론에 관한 논문까지 한 해 동안 총 3편을 한두 달 간격으로 잇달아 발표했습니다. 이 정도면 기적의 해라고 부를 수 있지 않을까요. 이상입니다.

| 재판장 | 양측 변론 잘 들었습니다. 판결은 3일 뒤 같은 시각에 내리도록 하겠습니다.

(다시 스튜디오가 비치고)

| 앵커 | 이 기자, 재판이 끝났는데요, 지금 양측 분위기는 어떻습니까?

| 이 기자 | 네, 기적의 해를 놓고 벌어진 공방에서 양측은 팽팽히 맞섰습니다. 아직 판결이 나지 않았기 때문에 어느 쪽이 승소할지 섣불리 예측할 수는 없는 상황인데요, 재판을 지켜본 석학들은 1905년이 기적의 해였다는 피고의 입장을 지지하는 분위기입니다. 스티븐 호킹 박사의 말을 들어보시죠.

|스티븐 호킹| 음, 제 생각엔 말이죠, 1905년은 기적의 해라고 불릴 만합니다. 아인슈타인 선생의 1905년 업적은, 그 중에서도 특히 특수상대성이론은 100여 년이 지난 지금도 물리학자들에겐 성 경과도 같습니다.

|이 기자| 네, 스티븐 호킹 박사는 특수상대성이론의 중요성을 지 적하며 피고를 지지한다는 의견을 피력했습니다. 한편 과학적인 문제에 대해 재판부의 판결을 전적으로 따르는 일이 과연 옳은 지 회의적인 시각도 있습니다. 이상 '기적의 해' 재판이 벌어진 법정에서 이 기자였습니다.

Albert Einstein

ISSUE

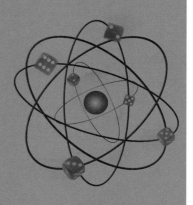

Niels Bohr

과학자의 본능은 '호모 폴리티쿠스'

"본능에 충실해~ 베이비~" 몇 년 전 국내에서 선풍적인 인기를 끌었던 유행어다. 그렇다면 과학자는 어떤 '본능'을 지니고 있을까? 호기심을 참지 못하는 본능? 연구에 몰두하는 본능? 하지만 과학자의 본능이 정치를 통해 사회생활을 이루어 가는 특질이라는 뜻의 '호모폴리티쿠스'라고 하면 처음에는 좀 어리둥절 할 것이다. 연구소에서 실험만 할 것 같은 과학자가 정치적인 인간이라니! 그럼 '본능'을 '리더십leadership'으로 바꿔보자. 과연 '과학자의 리더십'은 과학자의 본능일까?

고독하거나
흰 가운을 입었거나

사실 '과학자의 리더십'이란 구절은 아직도 우리에게 낯설다. 과학자에 대한 일반적인 이미지는 헝클어진 머리, 뿔테 안경, 항상 연구에만 빠져 있어 신경 쓰지 않은 듯한 구겨진 셔츠와 바지 등이다. 즉 과학자라고 하면 고독하게 미지의 자연 현상을 탐구하는 사람이나 실험실에서 흰 가운을 입고 실험에 몰두하는 사람을 연상하기 쉽다. 아인슈타인이 대표적일 것이다. 사람들은 그의 이미지에서 고독하고 연구에만 몰두하는 과학자의 전형을 본다.

반면 리더십은 기업을 경영하는 최고경영자(CEO)나 정치인, 군인에게 필요한 특성으로 여겨진다. 과학과 비즈니스, 과학과 정치, 과학과 전쟁이 전혀 다른 별개의 활동으로 여겨지듯 '과학자의 리더십'은 마치 서로 어울리지 않는 개념처럼 들린다.

하지만 현대 과학은 결코 고독한 과학자의 사색만으로 이뤄지지 않는다. 연구를 하기 위해서는 실험실과 실험 기구가 필요하고, 연구할 학생들도 필요하다. 어떤 과학자와 공동 연구하느냐에 따라 연구의 질과 성과가 달라진다.

아인슈타인을 보자. 아인슈타인이 세기 최고의 과학자라는 데 반대하는 사람은 별로 없지만, 그가 리더십이 있는 훌륭한 과학자였다고 생각하는 사람은 드물다. 전 세계의 모든 물리학자가 다 그의 영향을 받았다고 할 수 있으며, 유머가 풍부하고 자유주의적인 성품을 가져 항상 사람이 따르는 그였다. 만일 그가 원했다면 훨씬 더 많은 세속적인 영향력을 가지고 과학 발전에 기여했을지 모른다.

그러나 아인슈타인은 그렇게 하지 않았다. 어떻게 보면 그렇게 할 수 없었다. 그는 세계인의 사랑을 받았지만 그 어느 나라, 어느 대학의 과학자도 아니었다. 그에게는 자신이 재량껏 운영할 수 있는 연구소도, 연구 프로젝트도, 학과 프로그램도 없었다. 아인슈타인의 예는 아무리 개인의 능력이 뛰어나고, 리더십을 갖추었다 하더라도 그것을 가능하게 해주는 제도적 환경이 갖춰지지 않으면 성과를 거두기 힘들다는 것을 보여준다. 따라서 비록 아인슈타인은 훌륭했지만 그의 제자, 그의 학파로 불리는 사람은 없다.

반면 보어는 아인슈타인과 달랐다. 보어는 자유로운 분위기와 치밀한 토론을 즐기며 리더십을 발휘했다. 보어는 언제나 도전적이고 창의적인 발상을 중시하고 즐긴 사람이다. 그의 수소 원자 모형 이론도 당시로서는 결과는 훌륭했지만 발상은 황당한 이론이었다. 제1차 세계대전이 끝나고 보어가 물리학자로서 명성을 얻자, 덴마크의 칼스버그^{Carlsburg} 재단은 1921년 코펜하겐에 닐스 보어 연구소를 설립하고 보어에게 운영의 전권을 맡겼다.

보어의 코펜하겐 연구소는 양자역학의 성립과 발전에서 중심적인 역할을 했다. 양자역학의 주역들이 대부분 이 연구소에서 보어를 비롯한 다른 동료들과의 격의 없고 격렬한 토론을 통해 자신의 이론을 완성했다. 양자역학의 주역들은 대부분 20대 중반의 패기만만한 젊은이들이었고, 보어는 이미 지위가 확고한 40대의 지도급 과학자였다. 그러나 코펜하겐 연구소의 연구 분위기를 조성하고 주도한 것은 아버지 격인 보어였다.

그는 도전적이고 창의적인 발상과 자유로운 토론을 무엇보다 중요하게 생각했다. 연구 진행에서는 파격에 가까운 자유를 누리는 것이 보어 연구소의 특징이었다. 극단적인 예로, 보어가 칠판에 무엇인가를 잔뜩 써놓고 그 앞에 서서 열심히 설명할 때 20대의 레프 란다우[Lev Landau, 1908~1968]°는 책상에 옆으로 길게 누워서 듣고 있었다. 상식과도 전혀 다르고, 고전 물리학과도 전혀 다른 이론인 양자역학의 독창적인 아이디어들은 이런 분위기에서만 나올 수 있었는지도 모른다.

보어는 또 자신의 영향력을 동원해 젊고 유능한 물리학자들에게 장학금을 주선해주는 일도 마다하지 않았다. 일본 유학생 니시나 요시오[仁科芳雄, 1890~1951]가 양자역학 발전의 결정적인 시기인 1923년에서 1928년까지를 코펜하겐 연구소에서 보낼 수 있었던 것도 모두 그가 주선해준 장학금 덕분이었다. 캐번디시 연구소와 코펜하겐 연구소를 거치면서 니시나는 새롭게 형성되는 물리학 이론뿐 아니라 자유로운 토론과 자율적인 연구 분위기를 익혔고, 이를 일본에 도입했다.

니시나는 귀국 후 첨단 현대 물리

🪁 **란다우**[Lev Landau]
소련의 이론물리학자. 보어로부터 큰 영향을 받았다. 초유동, 초전도 문제를 연구하였다. 1962년 노벨물리학상을 받았으나, 교통사고를 당해 1968년 사망했다.

학을 강의하는 한편 그를 중심으로 모여든 연구자들과 일본 사회에서 허용될 수 있는 수준에서 자유롭고도 자율적인 관계를 형성하려고 노력했다. 니시나와 그의 학생들은 다양한 연구 주제를 섭렵했고, 함께 토론하고 점심을 먹고 맥주 파티를 열기도 했다. 1930년대 일본에서는 이런 일이 파격적인 것이었다. 니시나의 학생들 가운데 유카와 히데키湯川秀樹, 1907~1981 도모나가 신이치로朝永振一郎, 1906~1979가 노벨상을 받고, 상당수의 다른 학생들도 일본 현대 물리학의 주역이 된 데에는 지식 전달 못지않게 자유로운 연구 분위기에서 촉발된 지적 자극 역시 중요한 역할을 했을 것이다.

학파를 낳는 리더십

보어 외에도 '과학자의 리더십'을 발휘한 예는 더 있다. 프랑스나 영국에 비해 상대적으로 과학의 발전이 늦었던 독일이 1880년대를 지나면서 유럽에서 사용되는 화학 염료의 대부분을 공급할 정도로 눈부시게 발전한 것은 유스투스 폰 리비히Justus von Liebig, 1803~1873라는 화학자의 실험실이 있었기 때문이다.

리비히는 학생들을 독자적인 유기 화학 연구자로 키워주는 연구 내용과 제도적 장치를 통해 리더십을 발휘했다. 그는 독일의 작은 지방 대학인 기센 대학에서 1826년에 실험실을 하나 열고 화학을 가르치기 시작했다. 처음에는 주로 약제사 지망생들이 강의를 들었고, 처음 10여 년간 학생 수는 20명을 넘지 않았다. 특히 유기 화학으로 졸업 논문을 쓴 학생은 몇 명 되지 않았다.

이 기간 동안 리비히는 연구 활동에 열중해 새로운 분석과 합성 방법을 개발하고 필요한 실험 도구들을 고안했다. 유기 화학자로서 리비히의 명성은 점점 높아졌고, 곧 저명한 학술지의 공동 편집장을 맡았다. 그는 화학 전공 학생들에게 연구 방법을 가르치고 그 결과를 자신이 편집하는 학술지에 논문으로 출판하게 했다. 리비히의 명성과 더불어 그의 실험실에서는 연구자들이 높은 수준의 훈련을 받을 수 있다는 소문이 퍼지면서 학생 수가 증가하기 시작했다. 1840년 무렵이 되자, 리비히 실험실은 유기 화학 전공자만 20명을 넘어설 정도가 됐다.

1840년대에 리비히는 수많은 화학 전공 학생들을 조직해 유기 화학 연구 프로그램을 운영했다. 그는 학생들에게 자기가 기획한 연구 과제의 일부분을 배정하고 그 결과를 출판하도록 독려했다. '출판이냐, 죽음이냐publish or perish'는 이 실험실의 슬로건이 될 정도였다. 그 결과 리비히의 학생들은 당시로서는 드물게 학생 시절부터 연구 경력을 쌓을 수 있었으며, 그 업적을 충분히 알릴 수 있었다. 때마침 연구 업적을 중시하는 새로운 교수 임용 관행이 독일의 대학에 정착함에 따라 리비히의 학생들은 쉽게 대학에 자리를 잡을 수 있었고, 자신이 배운 것과 같은 방법으로 유기 화학 연구자들을 양성했다.

리비히의 연구 중심적 리더십의 결과 독일은 유기 화학 분야에서 타의 추종을 불허할 정도로 빠르게 성장했고, 19세기 후반 유럽을 장악한 독일 화학 염료 산업계에 필요한 인적 자원을 풍부하게 공급할 수 있었다.

한편 '실험실'은 비공식적인 연구조직이기 때문에 경제적인 사정에 따라 사라질 수 있는 반면 '연구소'는 계속 지속된다. 규모에 상관없이 연구소에는 전체 연구를 지휘·감독하는 사람이 필요하고, 그에 따른 연구 조직이 있다. 연구소의 성패는 능력 있는 연구자들을 지속적으로 끌어들이고, 그들이 최대의 능력을 발휘할 여건을 만들어줄 수 있는지에 달려 있다. 연구소에 무엇이 필요한지는 연구 주제와 시대, 문화적 배경에 따라 여러 가지가 있겠으나, 강력한 리더십을 가진 과학 지도자의 존재는 언제나 필수적이었다. 그들은 연구 활동의 실질적이고 상징적인 구심점이기 때문이다.

이런 리더십의 대표적인 예가 전자 발견으로 유명한 영국의 조지프 톰슨이다. 톰슨은 케임브리지 대학 졸업 후 28세의 젊은 나이로 캐번디시 연구소의 소장이 돼, 1919년에 은퇴할 때까지 35년간 재직하며, 노벨상 수상자 6명을 포함, 300여 명에 가까운 제자를 배출했다. 특별히 연구비를 더 주거나 연구 설비가 넉넉한 것도 아니고, 그저 2~3년 연구하고 자리를 잡아 떠나는 연구소가 이렇게 왕성한 연구 활동을 유지할 수 있었던 비결은 뭘까.

그 답은 톰슨의 리더십이다. 톰슨은 뛰어난 연구자이자 리더십이 강한 스승이기도 했다. 과학자로서 톰슨은 수학에 밝고 실험에도 능했으며, 음극선, X선, 기체 이온화, 원소 특성, 방사선 연구 등 다양한 연구 주제에 대한 이해와 통찰력을 지녔다. 이 주제들은 당시로서는 최첨단이면서 서로 밀접하게 연관돼 있었기 때문에 톰슨의 학생들은 폭넓은 주제 선택이 가능했다. 그는 학생들에게 적절한 연구 주제를 권했고, 리비히처럼 강제성을 전혀 보이지 않았다. 케임브리지 대학 소속의 캐번디시 연구소는 자유방임적인 전통이 강했고, 학생들에게는 자율적으로 선택할 권리가 주어졌다.

귀족 전통이 강한 케임브리지 대학은 다른 대학 출신의 입학을 허용하지 않았고 학생들의 자부심도 대단했는데, 1895년에 규정이 바뀌어 영국의 다른 대학이나 호주 등 식민지 출신도 캐번디시 연구소에서 연구할 수 있게 됐다. 다양한 곳에서 학생들이 모이면 학생들 사이에 갈등이 생길 소지가 있었지만, 큰 갈등 없이 정보를 교류하고 자율적으로 서로 도와가며 연구하는 분위기는 지속됐다. 오히려 타 대학 출신 학생들의 지속적인 유입은 캐번디시 연구소에 큰 활력을 주었다.

이것은 자유로운 연구 분위기를 유도하는 톰슨의 인간적인 매력에서 비롯됐다. 학생들이 톰슨의 지도를 믿고 따르게 만든 가장 중요한 요소는 학생들 간의 관계, 학생들과 자신과의 관계를 잘 정립하는 그의 인간적인 능력이었다. 톰슨은 모든 제자들의 생활, 연구, 진로에 대해 공정하고도 한결같은 관심을 기울였다.

학생들은 연구소를 떠난 후에도 계속 톰슨을 찾아와 의논하고 자문을 구했다고 한다.

눈멀게 하는 치명적 리더십

근대 이전에는 유명한 과학자가 혼자서도 엄청난 연구 성과를 발표했다. 하지만 현대로 올수록 과학은 많은 연구비와 연구 인력이 참여하는 집단 연구가 주를 이루고 있다. 따라서 과학자의 리더십이 중요해질 수밖에 없다.

하지만 '치명적 리더십'은 경계해야 한다. 성공을 기대하기 힘든 계획을 세우고, 결점이 많은 계획을 떠받치기 위해 점차 자신의 성과를 과대포장하고, 급기야 자신의 진의를 숨기게 될 수도 있다. 치명적 리더십은 지지자들의 눈도 멀게 한다. 그래서 지지자들은 결함을 보고도 못 본 척 무시하기도 한다. "눈 가리고 아웅"이라는 속담은 이런 경우를 두고 하는 말일 것이다. 과학자의 리더십은 본능일 수 있다. 하지만 어떻게 발전시켜나가느냐에 따라 약이 되기도 하고 독이 되기도 한다.

과학은 '문어발'이다

　과학적 사고 방식은 과학계에만 영향을 미치는 것이 아니다. 이는 어찌 보면 당연한 얘기다. 과학과 수학 분야의 업적은 우리가 알든 모르든 다양한 방식으로 우리의 삶에 영향을 미치고 있다. 아인슈타인의 상대성 이론이 대표적인 예다. 아인슈타인이 기차역들의 시계를 맞추는 과정에서 아이디어를 얻어 탄생한 상대성이론은 당시 시공간에 대한 개념을 변화시키는 거대한 사회적 흐름을 이끌며 미술, 문학, 철학 등에 영향을 미쳤다.

〈마라부인〉의
눈 속의 눈

1905년 봄 스위스의 특허국에서 일하던 무명의 3급 직원인 아인슈타인은

〈운동하는 물체의 전기역학에 대하여〉라는 논문을 발표했다. 이 논문이 바로 현대물리학의 새 장을 연 특수상대성이론이다. 비슷한 시기인 1907년 프랑스 파리 몽마르트 언덕의 어느 셋방에서는 피카소^{Pablo Picasso, 1881~1973}가 〈아비뇽의 처녀들〉을 완성했다.

피카소가 상대성이론의 영향을 받았다는 사실은 많이 알려져 있다(아서 밀러,《아인슈타인, 피카소: 현대를 만든 두 천재》). 아인슈타인의 특수상대성이론에 따르면 빛의 속도로 달리면 시간이 멈추고 길이가 없어진다. 이를 '시간 지연'과 '길이 수축'이라고 부른다. 피카소는 〈아비뇽의 처녀들〉에서 사각의 큐빅 모양을 써서 입체감을 표시했다. 또 한쪽 면에서만 대상을 보고 그림을 그린 것이 아니라 여러 방향에서 본 모습을 하나의 평면에 합쳤다. 아인슈타인이 3차원 공간에 시간이라는 새로운 차원을 더해 4차원 시공간 개념을 만들었듯 피카소는 새로운 차원을 첨가해 그림을 그린 것이다.

피카소가 아인슈타인으로부터 상대성이론을 배운 것일까? 그건 아니었던 것 같다. 하지만 아인슈타인에게 상대성이론의 영감을 줬던 과학자가 피카소에게도 영향을 준 것은 사실이다. 그는 프랑스의 앙리 푸앵카레였다. 피카소는 파리에서 후대에 '피카소 패거리'로 불리는 사람들과 카페에서 과학과 철학에 대해 이야기하곤 했다. 어느 날 그들로부터 푸앵카레가 1903년에 출판한《과학과 가설》이라는 책에서 다룬 비유클리드 기하학과 4차원에 대한 이야기를 들었다고 한다. 아인슈타인 역시《과학과 가설》의 독일어 번역판을 읽었다. 아인슈타인과 피카소는 같은 스승을 둔 셈이다.

피카소의 〈마라부인〉은 그가 이런 4차원을 표현하려 했음을 명확히 보여준다. 〈마라부인〉을 보면 눈 속에 눈이 있는 영상을 볼 수 있다. 이는 4차원의 3차원 투시도를 암시한다. 만일 4차원의 물체가 있어서 3차원에 투영한다면 입방체 속에 입방체가 있는 모습이 될 것이다.

피카소 외에도 상대성이론의 영향을 보여주는 작품은 꽤 있다.

화가 살바도르 달리^{Salvador Dali, 1904~1989}의 그림 〈기억의 지속〉을 보면 죽은 시계가 해변에 널려 있는 것을 볼 수 있다. 시간이 정지한 것이다. 아인슈타인의 특수상대성이론에 따르면 빛의 속도로 달리면 시간이 멈추고 길이가 없어진다.

마그리트^{René Magritte, 1898~1967}의 그림 〈유리의 집〉도 마찬가지다. 이 그림을 보면 두께(길이)가 없어지고 뒷모습이 앞에서 보여 얼굴과 뒷머리가 하나로 합쳐져 있다. 이 그림에서도 상대성이론에 의한 길이 수축 원리가 강하게 투영돼 있다. 실제 컴퓨터 시뮬레이션을 통해 기차가 빛의 속도의 3분의 2 수준으로 달리면 기차가 정지할 때 보다 짧게 보인다. 만약 빛의 속도로 모든 물체가 달린다면 긴 물체도 길이는 없어지고 맨 앞과 뒤가 붙은 평면으로 보인다.

피카소, 달리 같은 천재 미술가들이 4차원 수학을 완전히 이해하고 그림을 그렸을 것이라고는 생각되지 않는다. 하지만 이들이 가진 천채적인 영감이 그런 그림을 탄생시킬 수 있었을 것이다. 아서 밀러는《아인슈타인, 피카소: 현대를 만든 두 천재》라는 책에서 "눈에 보이는 것은 거짓이라는 사실을 아인슈타인은 물리학에서 깨달았고 피카소는 화폭 위에서 깨달았다"고 평했다.

반증할 수 있어?

아인슈타인의 상대성이론은 문학에도 영향을 미쳤다. 19세기에는 작가가 객관적인 실재를 기술할 수 있다는 믿음이 있었다. 그러나 아인슈타인의 상대성이론의 영향으로 객관적인 진리라는 것에 대한 회의가 일어났다. 상대성이론에서는 관찰자에 의해 시공간이 달라진다. 마찬가지로 보는 사람의 주관에 따라 객관적인 진리는 얼마든지 달라진다는 것이다. 이 때문에 문학에서는 저자의 서술 대신 인물의 서술인 독백 형식이 강조된 소설이 나온다. 이를 '의식의 흐름Stream of Consciousness' 기법이라고 하는데 《율리시즈 Ulysses》(1922)를 쓴 소설가 제임스 조이스James Joyce, 1882~1941가 대표적이다.

아인슈타인의 가장 큰 업적은 아마도 철학적인 개혁일 것이다. 이 세상에 대한 '존재'의 형식을 송두리째 새로 일깨웠기 때문이다. 그는 세상 만물과 인간이 존재하는 시간과 공간이 시간

따로 공간 따로 편을 갈라 존재하는 것이 아니라 시간과 공간이 함께 어울려 4차원의 시공간을 이루고 있다는 것을 얘기했다.

아인슈타인 이전 사람들은 시간이란 시작도 없고 끝도 없는 무한한 그 무엇이라고 생각했다. 흔히 시간이 '흐른다'는 말을 쓰지만, 과연 시간이 물처럼 어떤 실체가 흐르는 것인지 의구심이 일었다. 이런 논의는 신은 시작도 없고 끝도 없는 영원의 바깥 어느 곳에 계시는가 하는 문제까지 이어졌다. 아인슈타인의 상대성이론에 따르면 시간이란 영원할 수도 있고 시작과 끝이 있을 수도 있다. 그렇다면 신은 그런 시간을 초월해 시간 밖에 있는 그 어떤 '존재'라는 합리적인 철학적 결론이 나온다.

철학사에서는 19세기 말까지만 해도 물질을 불변하고 영원한 것 또는 모든 사물들의 근원이 되는 변하지 않는 어떤 것으로 보는 관점이 주류였다. 20세기를 전후한 현대 과학자들이나 당시 풍미했던 철학의 한 사조인 유물론도 물질을 변하지 않는 근원적인 것으로 봤다. 그러나 상대성이론으로 이런 사고 방식은 큰 타격을 받았다. 아인슈타인의 $E=mc^2$이라는 방정식에 따르면 물질이 에너지로 사라지거나 에너지에서 만들어질 수도 있기 때문이다. 물질의 절대성이 훼손된 것이다. 이 때문에 '물질이 사라진다'든가 '유물론은 죽었다'라는 다소 과격한 주장들도 나왔다.

러시아의 유물론자인 니콜라이 레닌Nikolai Lenin, 1870~1924은 이런 위기를 극복하기 위해 특수상대성이론이 발표된 것과 같은 해인

1905년 《유물론과 경험 비판론^{Materialism and Empirio-Criticism}》이라는 책을 써서 물질의 철학적 개념을 새로 정의했다. 즉, 물질의 변환 가능성을 받아들인 것이다.

물질뿐 아니라 시간과 공간에 대한 개념 역시 큰 변화를 겪을 수밖에 없었다. 고대부터 시간과 공간은 인간이 경험하기 이전의 것, 물질보다 더 근원적인 것으로 여겨졌다. 고전역학을 집대성한 뉴턴 역시 이런 영향을 받아 시간과 공간이 물질보다 앞서 존재하고 신의 직관에 속하는 것으로 봤다. 독일 철학자 이마누엘 칸트^{Immanuel Kant, 1724~1804}도 시간을 인간의 경험을 규정하는 절대적 관념으로 생각했다. 모두 '절대 시간'과 '절대 공간'이라는 개념을 받아들인 것이다. 하지만 상대성이론이 나오면서 시간과 공간은 관측자에 따라 변할 수 있고 물질에 영향을 받는 것으로 바뀌었다.

아인슈타인의 학문에 대한 태도는 유명한 과학철학자인 포퍼에게도 큰 영향을 미쳤다. 아인슈타인은 일반상대성이론을 발표하면서 이론을 증명할 수 있는 실험 3개를 제시했다. 만약 실험이 잘못되면 아인슈타인의 이론은 틀렸다는 뜻이었다. 당시 젊은 포퍼는 이 사건에 감동을 받았다. 그는 이로부터 '반증 가능성' 그러니까 그것이 거짓으로 밝혀질 가능성이라는 개념을 제시하면서 이 반증 가능성을 갖고 있는 이론만이 과학적인 이론이라는 주장을 폈다.

예를 들어 점쟁이가 "올해 운수 대통할 것"이라고 예언했는데,

큰 사고를 당해 겨우 목숨을 건졌다고 하자. 당신이 점쟁이를 찾아가 따진다고 하더라도 점쟁이는 이렇게 대답할 수 있다. "당신은 운수가 대통해서 그나마 큰 사고에도 죽지 않고 살아남은 거다." 하지만 점쟁이의 예언은 반증 가능성이 없다. 포퍼에 따르면 점쟁이의 말은 과학이 아니라 사이비 과학인 것이다. 포퍼는 마르크스^{Karl Marx, 1818~1883}의 역사 이론 역시 과학을 자처하지만 반증될 수 있는 가능성이 없어 과학이 아니라고 주장했다. 마르크스가 역사 발전의 법칙으로 내세우는 자본주의 사회에서 공산주의 사회로의 이행은 과학적인 법칙이 아니라 점쟁이의 예언에 가깝다는 것이다.

나비가 날면
세상은 복잡해진다

아인슈타인의 특수상대성이론 외에도 과학적 사고 방식이 영향을 주는 예는 많다. 경제 현상이나 금융 상품 가격의 불규칙한 변화는 브라운 운동과 유사한 점이 많다. 브라운 운동은 영국의 식물학자 로버트 브라운^{Robert Brown, 1773~1858}이 물 위에 떠 있는 꽃가루의 움직임을 현미경으로 관찰하다 발견한 입자들의 불규칙한 움직임을 일컫는 말이다. 물 분자의 영향으로 꽃가루가 불규칙적으로 움직이듯 금융 상품도 다양한 변수의 영향을 받는다.

미국의 금융 전문가 피터 번스타인^{Peter Bernstein}은 저서인 《신에 대항하여 Against the Gods: The Remarkable Story of Risk》(1996)에서 "금융 이론의 발전에 있어 과거와 현대를 구분 짓는 경계는 미래의 불확실성, 즉 리스크를 이해하고 다룰 수 있게 됐느냐 여부"라고 했다. 번스타인은 17세기의 저명한 수학자인 블레즈 파스칼Blaise Pascal, 1623~1662과 피에르 페르마Pierre de Fermat, 1601~1665가 정립한 확률의 개념을 혁명의 시작으로 정의했다. 자연계와 사회계에서 시간의 흐름에 따라 불확실하게 변화하는 현상을 '확률적 과정'으로 표현할 수 있게 됐기 때문이다. 이후 1900년 프랑스의 수학자 루이 바셸리에Louis Bachelier, 1870~1946는 최초로 금융 상품 가격의 변화를 확률적 과정으로 표현했다. 이처럼 과학에서 발견된 다양한 지식은 식물학자와 수학자, 물리학자, 통계학자 등을 거쳐 금융 분야에까지 파급되고 있다.

열전도 방정식은 금융 상품의 가격 변화를 예측하는 데 사용된다. 예를 들어 우리나라에서 거래되고 있는 코스피 200지수 옵션과 같은 옵션의 가격 변화 법칙은 편미분 방정식으로 표현된다. 그런데 이 편미분 방정식을 약간 변형하면 물리학의 열전도 방정식과 같아진다. 어떤 물체의 끝에 열을 가했을 때 다른 끝에 전도되는 열에 대한 공식이 바로 금융 옵션의 가격에 대한 공식과 같아지는 것이다. 따라서 특정한 상품에서 옵션 가격이 변하는 것은 특정 매체에서 온도가 변하는 것으로 이해할 수 있다.

최근에는 금융 시장에서 거품bubble이 발생했다가 꺼지는 패턴을 자연 현상에서 찾아 연구하는 움직임도 있다. 모래가 어느 시점까지는 잘 쌓이다가 피로도가 누적되면 특정 시점에서 갑자기 무너져 내리는 현상에서 비슷한 해답을 찾는 것이다. 또 주식 시장에서 나타나는 투매 현상의 패턴을 물고기나 새들이 신호 교환 없이 어느 순간 일제히 방향을 바꾸는 데서 찾는 사람도 있다.

조금 다른 방식으로는 복잡계 이론을 적용해 금융 시장을 이해하려는 시도가 있다. 복잡계 이론은 '결과가 다른 계의 원인으로도 작용할 수 있다'는 생각을 바탕으로 '하나의 원인에 따른 하나의 결과'라는 기존의 사고 체계를 비판하는 데서 시작됐다. 복잡한 비선형의 관계를 대표하는 단어인 나비효과를 금융 시장에 적용하는 것이다.

독야청청한 과학은 없다

갈릴레오와 뉴턴, 아인슈타인 같은 세기의 과학자부터 존 로 크^{John Locke, 1632~1704}와 칸트, 프리드리히 니체^{Friedrich Nietzsche,} ^{1844~1900}, 마르크스 같은 철학자는 물론 드니 디드로^{Denis Diderot,} ^{1713~1784}, 요한 볼프강 폰 괴테^{Johann Wolfgang von Goethe, 1749~1832}, 조이스 같은 문필가에 이르기까지 수많은 근대 사상가들을 괴롭힌 문제 가 하나 있다. 바로 '과학의 본질은 무엇인가'하는 물음이었다. 바꿔 말하면 과학이 얼마나 확실하고, 얼마나 객관적이며, 얼마 나 보편적인가 하는 의문이었다. '과학전쟁'이 발발한 것도 이 때문이었다.

과학 전쟁은 1990년대 미국과 유럽을 비롯해 국내 과학자와 인 문학자 사이에서도 심각한 논쟁의 대상이었다. 과학 전쟁에 대한 기사는 《뉴욕 타임스》 1면을 장식했고, 프랑스의 《르 몽드^{Le}

Monde》 같은 영향력 있는 신문에 대서특필됐다. 세계적인 과학전 문지인 《네이처 Nature》와 《사이언스 Science》는 과학 전쟁을 다룬 논문과 서신을 게재했다. 도대체 과학의 본질은 무엇일까?

한 가지 가능한 대답은 과학이 확실하고, 객관적이고, 보편적인 진리라는 것이다. 예를 들어 뉴턴의 만유인력 법칙은 시간과 공간을 초월해 항상 성립한다. 만유인력 법칙은 지구에서도, 달에서도, 화성에서도 참이며, 뉴턴이 만유인력 법칙을 발견했던 1665년 영국에서 참이듯 현재 한국에서도 참이다. 수소 2분자가 산소 1분자와 결합하면 물 2분자가 된다는 화학 반응은 수소와 산소가 존재하는 한 어느 곳에서도 참이다. 결국 과학은 과학자라는 인간이 만든 것임에도 불구하고, 또 그 과학이 만들어진 사회적 맥락과 상관없이 순수하게 자연적이고, 객관적이며 보편적이다. 아마이것이 우리가 흔히 생각하는 과학에 대한 이미지일 것이다.

그렇다면 한 예를 들어보자. 19세기 말~20세기 초 과학자들, 특히 물리학자들은 그간 뉴턴의 물리학이 절대적인 진리이며 이에 근거해 물리학의 체계가 완성됐다고 확신하던 믿음을 버려야 했다. 아인슈타인의 상대성이론과 보어 등에 의한 양자물리학이 새로운 물리학의 체계로 등장하면서 이런 생각이 전혀 근거 없는 것임이 드러났기 때문이다.

이를 생각하면 과학이 객관적이고 보편적인 진리라는 주장에 동의하는 사람이라도 역사적으로 모든 과학이 객관적이고 보편적인 진리라는 주장에는 선뜻 고개를 끄덕이기 힘들다. 절대적인 진리라고 믿었던 뉴턴의 물리학은 상대성이론과 양자물리학이 발전하면서 전혀 근거 없는 것임이 드러났기 때문이다. 다시 말해서 과거의 과학이 진보했고, 또 지금도 계속 진보하고 있다는 사실은 거꾸로 과거와 현재의 과학이 불완전한 것임을 보여주고 있는 것이다.

이런 예도 있다. 20세기 전반 많은 생물학자들, 그중에서도 특히 의사들은 우생학을 과학적인 것이라고 신봉했다. 하지만 이는 대부분 사이비 과학으로 판명됐다. 또한 19세기 물리학자들이 너나 할 것 없이 우주를 꽉 채우고 있는 '에테르'의 존재를 믿었지만, 20세기 이후 에테르를 믿는 물리학자는 극소수였다. 결국 과학이 보편적이고 객관적인 진리라면 명백하게 잘못된 과학이 오랫동안 널리 받아들여졌음을 설명하기는 어려워진다.

18세기 영국의 물리학과 프랑스의 물리학은 뉴턴의 힘을 어떻게 해석하는가를 놓고 대립했고, 19세기 후반 영국과 독일의 전자기학도 그 기본 개념과 기술 방법에 있어서 상당히 달랐다. 과학은 마치 사회와 문화를 초월해 '독야청청'하는 것 같지만 자세히 들여다보면 과학에도 명백한 사회성과 문화성이 있는 것이다. 과학 교과서에 나오는 객관적이고 보편적인 이미지의 과학을 역사적 맥락에서 해석하면 상당히 다른 모습으로 우리에게 다가온다는 말이다.

과학철학자들은 이 문제를 해석하기 위해 부단히 애를 썼다. 카를 포퍼나 임레 라카토슈^{Imre Lakatos, 1922~1974} 같은 20세기 과학철학자는 역사에서 나타나는 과학의 모습이 과학의 본질과는 거리가 있다는 식으로 문제를 피해갔다. 하지만 윌러드 콰인[Willard Quine, 1908~2000]은 과학의 이론이 실험 데이터에 의해 충분히 결정되는 것이 아니라 불충분하게 결정된다며 '불충분 결정론[underdetermination theory]'을 설득력있게 제창했다. 노우드 핸슨[Norwood Hansen] 역시 과학자의 관찰이 객관적인 것이 아니라 그의 이론에 의해 영향을 받는다는 관찰의 이론의 존성[theory-ladenness]을 제시했다. 결국 이들 역시 과학 실험 데이터와 법칙, 이론 등이 모두 인간의 주관적인 이해와 판단 심지어는 믿음에 의해서까지 영향을 받는다는 것을 보여줌으로써 과학이 100퍼센트 객관적이고 보편적이라는 믿음에 일격을 가했다.

과학이 보편적이고 객관적이라는 입장에 최고의 일격을 가한 인물은 바로 토머스 쿤[Thomas Kuhn, 1922~1996]이었다. 쿤은 《과학 혁명의 구조[The Structure of Scientific Revolutions]》(1962)에서 과학사의 수많은 사례를 통해서 과학 지식이 누적되면서 진보한다는 믿음을 더 이상 지탱할 수 없는 것으로 만들었다.

쿤은 한 시대의 과학적 가설, 법칙, 믿음, 이론, 실험의 총체를 패러다임[paradigm]이라고 이름 붙였다. 그리고 그는 한 패러다임에서 다른 패러다임으로 옮겨가는 과정은 논리적인 것이 아니라 마치 종교적인 개종과 흡사한 비합리적인 과정임을 보였다. 또 이 패러다임의 변화를 통해 새롭게 얻는 것도 있지만 잃어버리는 과학도 많다는 것을 보였으며, 이전 패러다임과 새로운 패러다임의 관계를 하나의 잣대로 잴 수 없다는 '공약불가능성 incommensurability'을 얘기하며 패러다임이 바뀌는 것을 단선적인 진보로만 이해할 수 없다고 주장했다.

다시 처음 문제로 돌아오자. 그렇다면 '과학의 본질이 무엇인가'라고 물었을 때 어떻게 대답해야 할까.

서울대 홍성욱 교수(과학사 및 과학철학 협동 과정)는 《과학은 얼마나》(2004)라는 책에서 "과학이 무엇인가"라는 질문 대신 "과학은 얼마나"라는 질문을 던져야 한다고 주장했다. 지금까지 과학이 무엇인지를 물었기 때문에 이에 대한 대답은 자연히 "그렇다" 혹은 "아니다"라는 양극단이 될 수밖에 없고 그 밖의 대안을 내기 힘들었다는 것이다. 반면 "과학은 사회적으로 얼마나 가치 중립적인가?" "과학은 얼마나 사회적으로 구성됐는가?" 등의 질문을 던지면 과학의 확실성을 부정하는 입장과 맹신하는 양극단의 입장 대신 중간적인 대안을 모색할 수 있다.

결국 과학이 보편적이라거나 객관적이라는 답변 자체보다는 그 논의가 이뤄진 사회문화적 맥락을 살펴보는 것이 중요하다. 물리학자 데이비드 머민 David Mermin 도 사회인류학을 전공한 딸의 조언을 듣고 사회구성주의자였던 해리 콜린스 Harry Collins 와 트레버 핀치 Trevor Pinch 의 《골렘 The Golem》(1993)을 비판했던 자신의 논쟁을 사과하고 화해를 구했으며, 결국 콜린스와 화학자 제이 라빙거 Jay Labinger 가 《하나의 문화 The one culture》(2001)라는 책 출판함으로 사회학과 과학이 화해 분위기로 돌아서게 됐다.

에필로그

Epilogue

지식인 지도

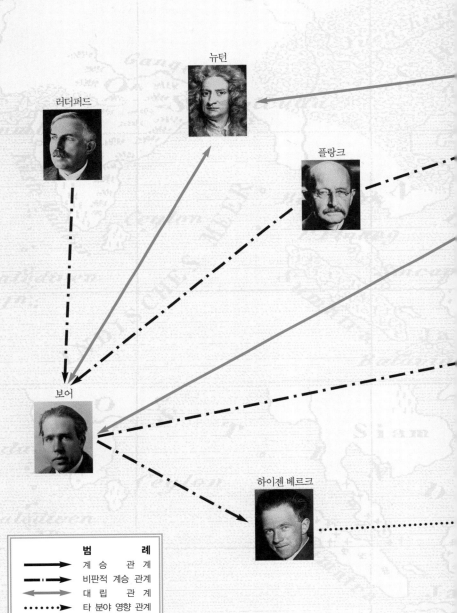

뉴턴

러더퍼드

플랑크

보어

하이젠 베르크

범   례

━━━━▶ 계 승 관 계

━ ·━ ·▶ 비판적 계승 관계

━━━━▶ 대 립 관 계

·········▶ 타 분야 영향 관계

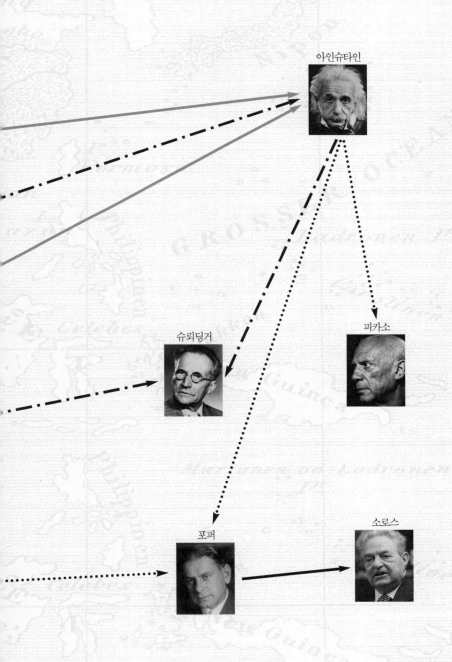

지식인 연보

• 아인슈타인

1596	독일 울름 출생
1890	가족 전체가 뮌헨으로 이사
1900	막스 플랑크, '양자' 개념 도입해 열복사에 관한 착상 발표
1902	스위스 베른 연방특허국 3등심사관 임용
1903	밀레바 마리치와 결혼
1905	광전효과(광양자가설), 특수상대성이론 논문 발표
1914	카이저빌헬름연구소 부임
1916	일반상대성이론의 기초를 '물리학연보'에 발표
1918	통일장이론 연구 시작
1921	광양자가설 논문으로 노벨 물리학상 수상
1925	파울리, 배타원리 발표 하이젠베르크, 행렬역학 완성
1927	'솔베이 회의'에서 아인슈타인과 보어가 6일 동안 양자역학 논쟁 벌임
1933	나치를 피해 독일을 떠나 미국 프린스턴고등과학연구소 부임
1935	아인슈타인-포돌스키-로즌 역설 발표
1940	미국 시민권 취득
1955	프린스턴에서 사망

• 보어

1885	덴마크 코펜하겐 출생
1891	가멜홀름 라틴어학교 입학
1893	빌헬름 빈, 흑체복사에 대한 빈의 법칙 발견
1911	코펜하겐 대학에서 박사학위 수여 러더퍼드, 원자핵 존재 확인. 러더퍼드의 원자모형 등장
1913	양자론에 기초한 원자모형 발표
1916	코펜하겐 대학 이론 물리학 교수 부임
1918	대응원리 발표
1921	이론물리학연구소(닐스 보어 연구소) 소장 취임
1922	원자구조 연구로 노벨 물리학상 수상
1923	대응원리 발표
1924	보른, 최초로 '양자역학'이라는 용어 사용
1927	상보성원리 발표 하이젠베르크, 불확정성원리 발표
1934	'물방울'에 비유한 원자핵 모형 제시
1957	미국 평화를 위한 원자상 수상
1962	심장마비로 사망

키워드 찾기

- **고전역학** classic physics 뉴턴의 운동 법칙에 뿌리를 둔 역학. 뉴턴이 1687년 발표한 《자연철학의 수학적 원리》(흔히 《프린키피아》로 부름)에 집대성돼 있다. 고전역학은 별개로 생각되던 지표면상의 운동과 천체의 운동을 하나의 방정식으로 통합해 기술했다는 데 의미가 있다. 양자역학이 등장하기 전까지 200여 년간 물리학의 절대적인 법칙이었다.

- **양자역학** quantum mechanics 전자, 양성자, 중성자 등 원자를 구성하는 입자의 운동을 기술하는 역학. 간단히 비교하자면 고전역학은 거시 세계를, 양자역학은 미시 세계를 설명하는 물리학으로 볼 수 있다. 물리적으로 고전역학에서는 에너지가 연속적이라고 보지만 양자역학에서는 모든 에너지가 불연속적이라고 본다는 것이 가장 큰 차이다.

- **불확정성원리** uncertainty principle 양자역학의 기본 원리 중 하나. 전자의 위치와 운동량은 같은 시간에 동시에 정확하게 측정할 수 없다는 것으로 1927년 하이젠베르크가 제창했다. 입자의 위치를 결정하는 순간 그 속도, 즉 운동량이 변하고, 입자의 운동량을 결정하는 순간 그 위치가 매번 여러 값으로 나온다. 이 때문에 운동량이나 위치 둘 중 하나는 불확정해질 수밖에 없다.

- **상보성원리** complementarity principle 위치와 운동량, 입자와 파동, 에너지와 시간 등은 서로 보완적이라는 뜻. 불확정성원리에서는 입자의 위치와 운동량을 측정하는 행위가 서로 방해되기 때문에 동시에 엄밀히 측정할 수 없지만, 결국 이 입자에 대한 지식은 두 요소가 함께 있어야 완전해지므로 이들은 배타적 관계가 아니라 상보적 관계라는 의미다. 1927년 보어가 제창했다.

- **확률** probability 우연으로 보이는 현상을 수학적으로 관찰해 처리하는 방법. 17~18세기 프랑스에서 파스칼, 페르마 등에 의해 발달했다. 이후 확률 연구는 복잡하게 보이는 사회 현상을 통계적으로 기술해 어떤 규칙을 찾아내는 통계학

의 발달로 이어졌다.

• **라플라스의 악마** Laplace's demon 뉴턴의 추종자 중 한 명이었던 라플라스가 한 말에서 유래했다. 어떤 물체의 현재 상태가 완벽하게 알려져 있고 그 상태를 기술하는 자료를 처리할 만한 계산 능력이 주어진다면 그 물체의 미래 상태를 완벽하게 예측할 수 있다는 입장.

• **열역학** thermodynamics 17세기에는 열을 물질 입자의 운동으로 나타나는 현상으로 생각했고, 18세기에는 '칼로릭'이라는 무게가 없는 일종의 물질이라고 여겨졌다. 19세기 열기관에 대한 연구가 시작되면서 열을 에너지로 해석했고 열의 출입을 에너지의 흐름으로 다룬 열역학이 발전했다.

• **엔트로피** entropy 클라우지우스가 만든 개념. 계의 무질서한 정도를 나타낸다. 우주 전체는 엔트로피가 증대하는 방향으로만 변하며, 이를 '엔트로피 증가법칙' 또는 열역학 제2법칙으로 부른다.

• **흑체복사** black body radiation 빛을 완전히 흡수하는 무반사, 무광택의 검은 물체(흑체)에서 나오는 방사. 흑체가 반드시 검은 고체를 뜻하지는 않는다. 예를 들어 아주 작은 구멍이 하나 뚫려 있는 상자도 흑체로 볼 수 있다. 뜨거운 물체는 온도에 따라 제각기 다른 색깔의 빛을 낸다. 흑체복사 법칙은 온도에 따라 빛의 색깔이 달라지는 현상을 설명한다.

• **작용 양자** quantum of action 1900년 플랑크가 고온의 물체(흑체)로부터 방출되는 열복사의 세기 분포를 설명하기 위해 도입한 상수. 흔히 플랑크 상수로 불리며 'h'로 쓴다.

• **시공간** space-time 시간과 공간을 관측과 별도로 독립적이고 절대적으로 보는 고전역학과 달리 시간과 공간을 합쳐서 보는 것. 아인슈타인이 관측자에 대한 시간과 공간의 상대화를 주장하면서 제창했다.

• **상대성이론** theory of relativity 아인슈타인의 상대성이론에는 특수상대성이론과 일반상대성이론이 있다. 특수상대성이론은 모든 관측자에 대해 빛이 일정한 속도로 움직인다는 전제 아래 서로 등속으로 운동하는 관성계에서 물리 법칙을 설명한다. 일반상대성이론은 등속 운동이 아니라 가속 운동에서 관성계의 물리 법칙을 설명한다.

• **원자 모형** atomic model 원자의 내부 구조를 설명하기 위한 것. 돌턴의 쪼개지지

않는 원자 모형을, 톰슨은 양전하를 띤 공 속에 음전하를 띤 전자가 듬성듬성 박혀있는 모형을, 러더퍼드는 중심에 원자핵이 있고 그 둘레를 전자가 돌고 있는 행성 모형을, 보어는 전자가 원자핵 주위의 일정 궤도만 원운동하고 전자가 도는 궤도가 띄엄띄엄 존재한다고 설명했다.

• **슈뢰딩거의 고양이** Schrödinger's cat 슈뢰딩거가 고안한 사고실험. 관찰자의 측정 행위가 대상에 영향을 미친다는 양자역학의 해석(코펜하겐 해석)을 비판하기 위해 만들었다.

• **코펜하겐 해석** Copenhagen interpretation 관측의 문제에서 양자역학을 해석하는 여러 입장 중 하나. 관찰자의 측정 행위가 대상에 영향을 미친다고 본다. 예를 들어 코펜하겐 해석에서는 전자를 관측하기 이전에는 알 수 없기 때문에 관측하기 이전에는 전자가 존재하지 않는다고 해석한다. 아인슈타인이 '신은 주사위 놀이를 하지 않는다' 며 끝까지 받아들이지 않은 해석이다.

EPILOGUE 4

깊이 읽기

• 존 S. 릭던, 《1905 아인슈타인에게 무슨 일이 일어났나》 - 랜덤하우스중앙, 2006
'기적의 해'를 만든 다섯 편의 논문 내용을 소개하고 있다. 수식을 거의 사용하지 않고 아인슈타인이 논문의 아이디어를 생각해내고 발전시키기까지의 과정을 함께 보여주고 있어 이해가 쉽다.

• 팰레 유어그라우, 《괴델과 아인슈타인》 - 지호, 2005
아인슈타인과 그의 절친한 친구인 수학자 괴델의 우정을 통해 시간을 둘러싼 놀라운 이론을 소개한다. 아인슈타인은 상대성 이론을 통해 시간을 공간화했고, 괴델은 아인슈타인의 이론을 발전시켜 과거와 미래를 연결하는 불완전성원리를 완성했다. 2006년이 괴델 탄생 100주년임을 상기하며 읽어보면 좋을 듯.

• 데니스 브라이언, 《아인슈타인 평전》 - 북폴리오, 2004
아인슈타인의 전기 중 가장 자세하다. 1987년 아인슈타인의 유언 집행인이자 절친한 친구였던 오토 네이선이 사망할 즈음, 그때까지 철저히 비밀에 붙여졌던 아인슈타인의 사생활에 관한 수만 장의 기록들이 공개됐기 때문. 이 책은 그 미공개 자료들을 바탕으로 생전의 아인슈타인을 재현하고 있다. 분량은 다소 많지만 한번쯤 꼭 읽어볼 만한 책.

• 아서 밀러, 《천재성의 비밀》 - 사이언스북스, 2001
아인슈타인은 천재일까. 과학뿐 아니라 피카소 등 다양한 분야의 천재들의 사고 과정을 추적하면서 과학적 천재성이 무엇인지 짚어보는 책. 아서 밀러는 《아인슈타인, 피카소》(정영목 옮김, 작가정신, 2002)라는 책에서도 아인슈타인과 피카소의 천재성이 어떻게 발현될 수 있었는지 탐구한다.

• 하이젠베르크, 《부분과 전체》 - 지식산업사, 2005
하이젠베르크의 과학 사상뿐 아니라 당시 그가 처했던 정치적, 사회적, 사상적 배경도 알 수 있다. '아인슈타인과의 대화'도 하나의 독립된 장으로 실려 있다.

• 정규성, 《원자, 작지만 위대한 발견들》 – 에피소드, 2003

양자역학의 역사를 한눈에 볼 수 있는 책. 데모크리토스부터 러더퍼드의 원자
핵과 보어의 원자 궤도까지 인물과 그 업적이 잘 설명돼 있다.

• 해리 콜린스 · 트레버 핀치, 《골렘, 과학의 뒷골목》 – 새물결, 2005

'과학 전쟁'을 촉발시켰던 책이다. 과학적인 논쟁이 해결되는 방식이 늘 과학
적인 방법에 따르지 않았다는 점을 다양한 예를 통해 보여준다.

EPILOGUE 5

찾아보기

인류의 지성사를 이끌어온
100인의 지식인 마을 주민들